KB179012

루이스가 들려주는 산, 염기 이야기

루이스가 들려주는 산, 염기 이야기

초　판　1쇄 발행일 | 2005년 7월 29일
개정판　1쇄 발행일 | 2010년 9월 1일
개정판 18쇄 발행일 | 2021년 5월 31일

지은이 | 전화영
펴낸이 | 정은영
펴낸곳 | (주)자음과모음

출판등록 | 2001년 11월 28일 제2001－000259호
주　　소 | 04047 서울시 마포구 양화로6길 49
전　　화 | 편집부 (02)324－2347, 경영지원부 (02)325－6047
팩　　스 | 편집부 (02)324－2348, 경영지원부 (02)2648－1311
e－mail | jamoteen@jamobook.com

ISBN 978－89－544－2039－6 (44400)

루이스가 들려주는

산, 염기 이야기

| 전화영 지음 |

(주)자음과모음

루이스를 꿈꾸는 청소년을 위한 '산과 염기' 이야기

화학은 실험을 떼어 놓고는 생각할 수 없는 학문입니다. 화학 실험 중에 가장 멋진 분야는 폭발과 색깔 변화입니다. 그런 실험에 한 번만 참여해도 화학의 매력에 흠뻑 빠질 수 있을 겁니다. 그리고 아름다운 색깔 변화를 가장 잘 보여 주는 것은 바로 이 책의 주제인 산과 염기입니다. 비교적 우리 생활 주변에서 흔하게 볼 수 있어 학생들이 친숙함을 느낄 수 있는 분야이기도 하고요.

이 책에는 그동안 화학을 가르치면서 제 나름대로 터득한 노하우들이 들어 있습니다. 역사적 에피소드, 과학자들의 인생, 삶, 관련된 영화나 책과 같은 여러 가지 것들을 딱딱한 내용과 함께 버무리기 위해 나름대로 애썼습니다. 사람들이 화학을 싫어하게 되는 가장 큰 원인은 교과서 속에서만 살고 있는 딱딱한 지식들에 질렸기 때문이라고 생각합니다.

부디 이 책을 읽는 여러분이 단순히 산과 염기에 관한 과학적 지식만을 얻는 것이 아니라, 그 속에 감춰진 수많은 이야기들과 그 지식들이 나오게 된 여러 가지 배경들을 함께 소화할 수 있었으면 합니다. 그래서 화학이 결코 피도 눈물도 없는 딱딱한 학문이 아니라 따뜻한 살과 피를 가진 아름다운 학문임을 알 수 있었으면 좋겠습니다.

뚝심 있게 과학자 시리즈를 출간하는 (주)자음과모음 사장님을 비롯한 임직원 여러분께 감사드리고, 선뜻 추천사를 써 주신 한재영 교수님과 성혜숙 선생님께도 감사의 마음을 전합니다. 끝으로, 제 곁에서 늘 따뜻한 눈으로 지켜봐 주고 기도해 주는 남편과 바쁜 엄마를 원망하지 않고 잘 자라 주는 다은이에게 사랑과 감사를 드립니다.

전 화 영

차례

부록

첫 번째 수업 1

역사 속의 산과 염기

산과 염기란 무엇일까요?
'미국 화학의 아버지' 루이스와 함께 알아봅시다.

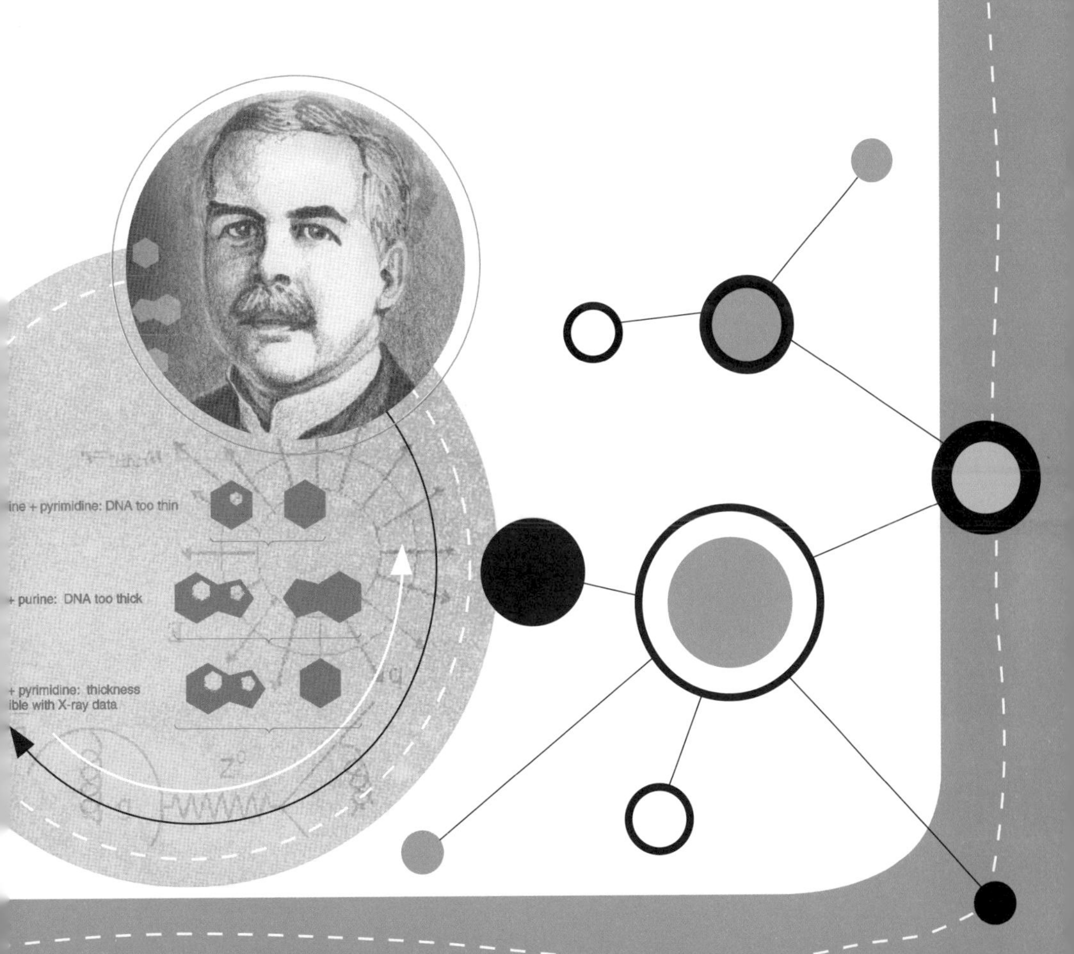

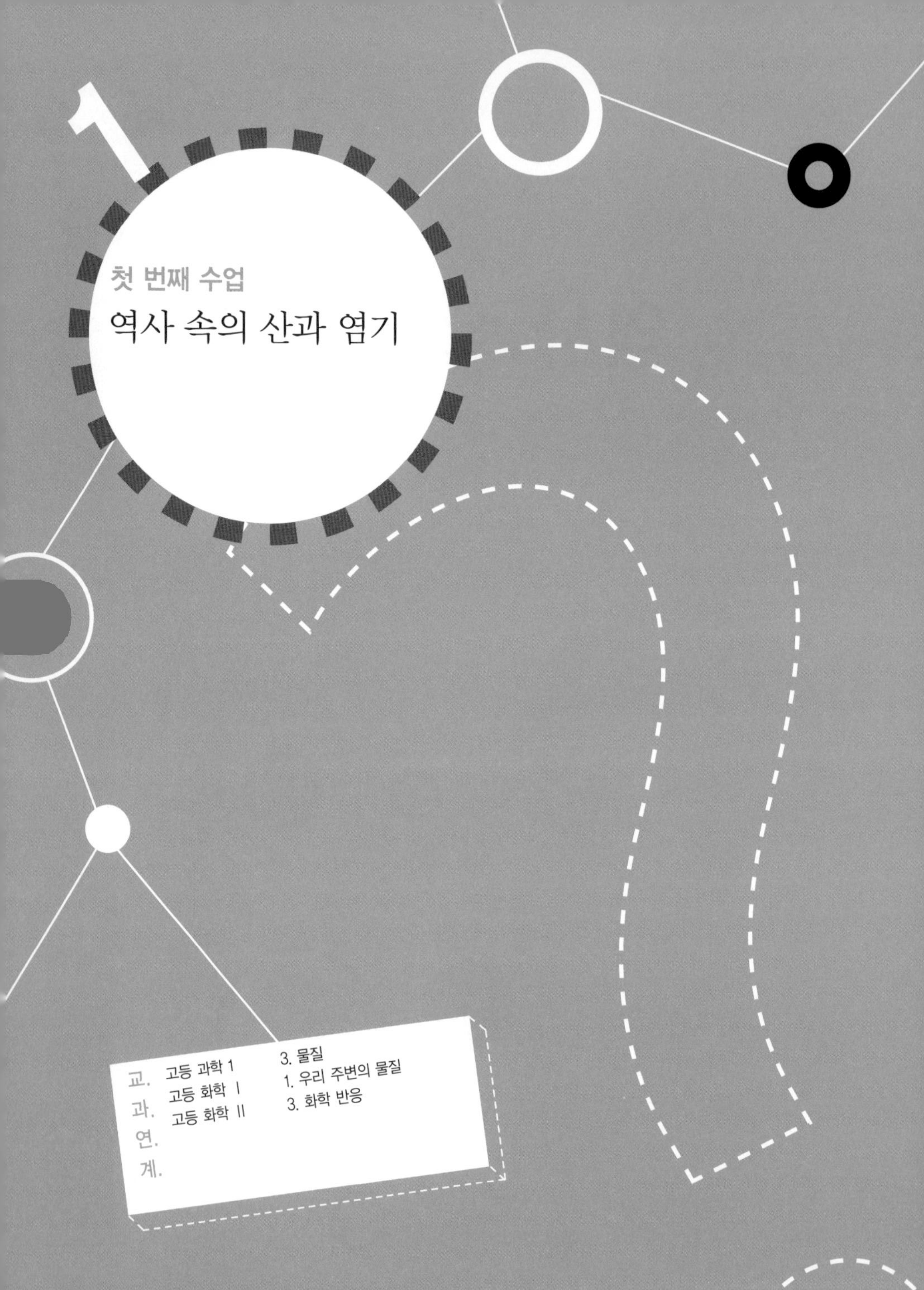
1
첫 번째 수업
역사 속의 산과 염기
교.
과.
연.
계.
고등 과학 1
3. 물질
고등 화학 Ⅰ
1. 우리 주변의 물질
고등 화학 Ⅱ
3. 화학 반응

'미국 화학의 아버지'라 불리는 루이스가 첫 번째 수업을 시작했다.

안녕하세요, 여러분? 나는 '미국 화학의 아버지'라 불리는 미국의 화학자 루이스입니다. 내가 34년간 버클리 대학교에 머물면서 열심히 제자들을 길러 내고 연구를 한 결과, 화학 연구의 중심이 유럽에서 미국으로 옮겨지게 되었거든요. 내가 키운 제자들과 후배들 중 무려 5명이 노벨 화학상을 수상하는 쾌거를 이루었답니다. 이만하면 미국 화학의 아버지라는 평가를 받을 만하지 않나요?

나는 평생 동안 정말 많은 연구를 했습니다. 그리고 그중에는 멋진 이론들도 많아요. 그래서 이번 강의를 맡아 달라는

요청을 받았을 때 그중 어떤 주제를 선택할지 잠시 고민했습니다. 하지만 곧 마음을 정했어요. 여러분이 아마도 가장 좋아할 만한 주제, 산과 염기에 대해 하기로 말입니다.

산과 염기가 무엇인지 대략 알고 있지요? 하지만 그 정의들은 엄밀하게 검토해 보면 정확하지 않은 것이 많답니다. 특히 옛날 사람들이 적용했던 기준들은 더욱 그렇지요. 과학은 점점 발전하고 있기 때문에 갈수록 더 넓고 좋은 이론들이 나오니까요.

하지만 그렇다고 해서 옛날 이론이 무조건 다 틀린 것은 아니랍니다. 그런 이론들이 하나씩 기초를 놓아 가면 이를 바탕으로 새로운 멋진 이론들이 만들어지면서 과학은 발전하는 것이니까요. 그러니 산과 염기에 대해 정확히 알고 싶다면 역사적인 이론들과 배경을 먼저 알아보는 것이 필요하겠지요?

이번 시간에는 산과 염기에 대해 남아 있는 역사적 기록과 초창기의 이론을 살펴보겠습니다.

'산'이라고 하면 아마도 식초의 새콤한 맛을 떠올리는 분들이 가장 많을 것 같네요. 왜냐하면 식초는 구약 성경에도 언급이 되어 있을 만큼 무척 오래전부터 우리와 함께 존재해 왔기 때문이지요. 그래서인지 식초와 관련하여 기록에 남아 있는 역사적 사건들은 꽤 많답니다.

그중 가장 유명한 사건은 클레오파트라의 '달의 눈물'에 얽힌 이야기입니다.

달의 눈물

클레오파트라가 누구인지 모르는 사람은 없겠죠? 서양 역사상 가장 아름다운 미녀로 꼽혔던 이집트의 여왕으로, 사랑했던 카이사르가 죽은 후 안토니우스와 사랑에 빠졌다가 결국 옥타비아누스에게 패하고 자결함으로써 세상을 떠난 전설적인 여인입니다.

미켈란젤로의 〈클레오파트라〉

그녀는 안토니우스를 처음 만나 자기 편으로 만들고자 여러 가지 유혹을 했는데, 그중 하나가 바로 식초와 관련된 에피소드입니다.

어느 날 클레오파트라는 안토니우스를 자신의 배에 초대하였습니다. 이미 그전부터 날마다 호화로운 연회를 베풀었지만, 그날의 연회는 좀 특별한 것이었습니다. 왜냐하면 클레오파트라가 약 1만 세스테르티우스(대략 3억 5,000만~4억 원)짜리 호화로운 연회를 마련해서 초대한 것이었기 때문이죠. 안토니우스는 그런 호화스러운 연회가 불가능할 것이라고 생각했는데, 이에 대해 클레오파트라는 그에게 내기를 청했던 겁니다.

안토니우스는 증인으로 플랑쿠스라는 부하 장군을 데리고 연회에 참석했습니다. 그런데 연회는 예전과 별다른 차이 없이 평범하게 진행되었어요. 안토니우스의 마음속에 의심이 싹틀 무렵 클레오파트라는 직격탄을 날립니다.

"지금까지의 연회 비용은 별로 대단한 것이 아닙니다. 지금부터 저 혼자서 1만 세스테르티우스를 써 버리는 것을 보여드리죠."

그녀는 보석으로 온몸을 치장하고 있었는데, 그중 가장 호화로운 것은 양쪽 귀에 달려 있는 거대한 진주 '달의 눈물'이었습니다. 그녀는 술잔에 식초를 담아 오도록 명령했고, 시종이 식초가 담긴 잔을 가져오자 망설임 없이 한쪽 진주를 떼어 식초 속에 넣었습니다.

카바넬의 〈클레오파트라와 안토니우스〉

모두들 깜짝 놀라 숨을 죽이고 지켜보고 있는 가운데, 그녀는 진주가 든 식초를 단숨에 쭈욱 마셔 버렸습니다. 그러고는 남은 진주를 떼서 그것마저 식초에 넣으려고 했지요. 심판을 맡았던 플랑쿠스 장군은 당황해서 그녀를 말리며 말했습니다.

"승부는 이미 끝났습니다. 내기는 여왕님의 승리예요."

훗날 로마의 역사가 플리니우스를 비롯한 여러 저술가들이 이 사건을 기록에 남겼고, 그로 인해 우리는 이 사건을 알게 된 것입니다.

한니발 장군, 알프스를 넘다

식초에 얽힌 또 한 가지 유명한 이야기는 한니발이 알프스 산맥을 넘을 때의 이야기입니다. 로마 군사들의 허를 찌른 것으로 유명한 그 전투에서 카르타고의 병사들이 알프스를 넘을 때 식초를 사용해 암석을 깨뜨렸다지요.

당시 한니발은 따뜻한 아프리카에서 자라 추위를 잘 견디지 못하는 병사들을 이끌고 눈 덮인 알프스 산맥을 넘었습니다. 병사들은 눈 덮인 높은 산을 처음 보고 매우 놀랐지만 한니발의 명령으로 산을 오르기 시작했습니다. 하지만 알프스 산맥을 넘는 일은 무척 어려웠습니다. 그들은 주민들로부터 습격을 받는 등 여러 가지 어려움을 이기고 간신히 정상에 올랐어요.

하지만 문제는 내려가는 길에 있었습니다. 올라오는 동안의 어려움만으로도 지쳐 있던 병사들의 눈앞에 눈과 얼음, 엄청나게 큰 바윗덩어리로 막혀 있는 길은 절망 그 자체였습니다. 돌아갈 수도 나아갈 수도 없었던 그들은 엉거주춤 망설이며 야영을 하게 되었지요.

그런데 이튿날 아침이 되자 한니발은 부하들을 시켜 나뭇가지를 가져오게 한 뒤 바윗덩어리 주변에 쌓고 불을 질렀습니다. 불이 타오르자 바위가 매우 뜨거워졌는데, 그때 병사들이 가지고 있던 식초를 바위에 뿌렸고 바위는 곧 녹아서 부서졌습니다. 병사들은 함성을 지르며 부서진 바위 조각들을 치우고 통로를 만들 수 있었답니다.

식초 에피소드의 진실은?

위의 두 이야기는 과연 사실일까요? 결론적으로 과학자들이 내린 의견은 이렇습니다.

'과학적으로 가능한 반응이기는 하나 실제로 가능하지는 않다.'

왜 그런지 알아볼까요? 클레오파트라의 진주, '달의 눈물'은 식초에 녹을 수 있습니다. 왜냐하면 진주의 화학적 성분이 탄산칼슘($CaCO_3$)이기 때문이지요.

탄산칼슘은 산성을 띤 용액에 녹습니다. 하지만 다 녹으려면 상당한 시간이 걸립니다. 그러니 클레오파트라가, 안토니우스가 보는 앞에서 식초에 진주를 녹여 바로 마셨다는 것은 거짓말이라는 것을 알 수 있지요.

그래서 이 이야기에 대해 여러 사람들이 의견을 제시하고

있습니다. 화학 지식을 많이 알고 있었던 그녀가 진주를 녹일 수 있는 어떤 물질을 미리 식초에 타 두었다, 진주가 아닌 석회를 녹였다, 진짜 진주를 넣은 후 녹지도 않은 진주 알맹이를 그대로 삼켰다 등등……. 그중의 어느 것이 진실인지는 아마도 클레오파트라만이 알겠지요?

또 한 가지의 식초 사건은 과연 암석에 식초를 부으면 암석이 깨지겠는가에 초점이 맞추어집니다. 이런 일이 가능하려면 일단 암석이 탄산칼슘으로 만들어진 석회암이거나 대리석이어야 합니다. 달구어 뜨거워진 석회암에 식초를 부으면 이론상으로는 암석이 녹게 됩니다. 하지만 문제는 그에 필요한 식초의 양이지요.

진로를 방해할 정도의 큰 암석을 녹이려면 식초를 엄청나게 많이 부어야 했을 겁니다. 당시 병사들은 원기를 북돋우기 위한 목적으로 희석시킨 식초를 가지고 다녔지만, 알프스 산맥을 넘는 원정이 거의 막바지에 이르렀을 때 과연 바위를 깰 만큼의 식초가 남아 있었을까요? 그리고 뜨겁게 달궈진 암석에는 식초가 아닌 얼음이나 찬물을 붓기만 해도 바위가 깨지는데, 굳이 식초를 낭비할 필요가 있었을까요?

그래서 후세의 역사가들은 리비우스라는 사람이 책을 쓸 당시 뭔가 오해를 하여 실제 일어나지 않은 사건을 잘못 적어

넣은 게 아닌가 하고 생각하고 있답니다.

라부아지에의 등장

지금까지 산의 일종인 식초에 얽힌 몇 가지 사건들을 살펴보았습니다. 이런 옛날이야기에 식초가 자주 등장하는 이유는 그만큼 우리에게 친숙한 산이 바로 식초이기 때문이겠지요. 식초 속에는 아세트산이라는 산이 들어 있습니다. 그리고 이 산은 우리가 먹을 수 있는 약한 산에 속하지요. 우리가 먹을 수 있는 산은 이외에도 시트르산, 락트산 등 매우 많습니다.

그런데 언제부터 이런 물질들을 '산'이라는 이름으로 부르기 시작했을까요? 그 역사는 매우 깁니다. 산에 대한 연구를 처음으로 한 사람은 라부아지에(Antoine Lavoisier, 1743~1794)라고 알려져 있어요.

혹시 어디선가 들어 본 이름이라고요? 맞습니다. 질량 보존의 법칙을 발견해서 연금술을 근대 화학으로 바꾸어 놓은 '근대 화학의 아버지'가 바로 그분이죠. 그는 신맛이 나는 산들의 근본을 산소(O)로 보았답니다.

라부아지에

라부아지에는 여러 화학자들과의 공동 작업을 통해 산소의 이름을 Oxygen이라고 지었는데, 그 이름은 oxy(acid, 산)+generating(만드는)이라는 뜻입니다.

라부아지에는 모든 산에는 반드시 산소 성분이 포함되어 있으며, 산소의 개수가 많을수록 산성이 강해진다고 했답니다. 그런데 이 이론에는 치명적인 문제점이 있었습니다. 당시 알려져 있던 유명한 산 중 염산(HCl)에는 산소 성분이 들어 있지 않았던 거지요.

염산 말고도 플루오린화수소산(HF), 브로민화수소산(HBr)과 같은 산이 있었지만, 그 산들은 별로 중요하지 않았기 때문에 큰 문제가 되지 않았어요. 하지만 염산은 당시 화학자들에게는 매우 중요한 산으로 간주되었기 때문에 대충 넘어갈 수가 없었지요.

그래서 동료 과학자들은 이의를 제기했는데, 라부아지에는 자신의 주장을 굽히지 않았답니다. 당시의 분석 기술로는 염산 속의 산소 성분을 찾아내지 못할 뿐, 언젠가 기술이 발달하여 염산을 분해하면 그 안에 반드시 산소 성분이 있을 거라는 주장이었습니다.

산소냐, 수소냐

라부아지에가 주장한 산의 산소 근본설은 얼마 후 데이비(Humphry Davy, 1778~1829)라는 화학자에 의해 위협받게 됩니다. 데이비는 볼타 전지를 이용해 여러 가지 물질을 전기분해해서 염산이 산소의 산이 아니라 염소(Cl)의 산이며, 따라서 이 산에서 산성을 드러내는 것은 산소가 아니라 수소(H)라는 것을 밝혀낸 것입니다. 데이비는 이 연구를 다른 산에도 확대 적용한 결과, 산을 만드는 원소는 산소가 아니라 수소라고 주장했습니다.

라부아지에의 산소설과 데이비의 수소설은 한동안 대립 관계를 유지했지만, 얼마 후 리비히(Justus Liebig, 1803~1873)가 데이비의 손을 들어 줌으로써 확실한 승리를 얻게 되었지

요. 천하의 라부아지에가 그런 고집을 부리며 잘못된 이론을 고수한 것은 다소 의외라고 볼 수도 있지만, 과학의 역사를 살펴보면 가끔씩 그런 예들이 있답니다. 우리가 잘 아는 아인슈타인 같은 천재도 그런 종류의 실수를 한 것을 보면, 선입관 없이 순수한 마음으로 과학 연구에 몰두한다는 것이 보통 일이 아니라는 생각이 듭니다.

이후 산의 수소 이론은 약 100년 동안 이어지며 막강한 영향을 미쳤답니다. 내가 정의한 산과 염기 이론이 나오기 전까지 말입니다. 나는 수소 중심 이론을 벗어나 좀 더 넓은 의미에서 산과 염기를 정의했습니다. 그렇다고 해서 내 이론이 이전에 있던 이론들과 아무 연관이 없는 것은 아니랍니다. 어떤 이론이 하늘에서 뚝 떨어지는 일은 별로 없거든요. 산과 염기에 관한 이론이야말로 한 걸음씩 발전을 거듭한 대표적인 이론이랍니다. 그래서 다음 시간에는 산의 수소 이론이 나오기까지 어떤 과정이 있었는지를 살펴보도록 하겠습니다.

아, 너무 어렵고 딱딱하지 않을까 걱정하지 마세요. 여러분이 좋아할 만한 다양한 이야기들로 즐거운 수업을 만들도록 노력할 테니까요. 그러기 위해서 다음 시간부터는 수업을 시작하기 전에 관련된 영화나 책, 자료 같은 것들을 먼저 소개하고 시작하도록 하겠습니다.

만화로 본문 읽기

시큼한 맛을 내는 식초와 같은 물질을 언제부터 '산'이라고 했나요?
산에 대한 연구를 처음으로 한 사람은 라부아지에예요.

라부아지에라면 질량 보존의 법칙을 발견해서 연금술을 근대 화학으로 바꾸어 놓은 '근대 화학의 아버지'이잖아요?
네, 잘 알고 있군요.
이게 질량 보존의 법칙이지!

라부아지에는 모든 산은 반드시 산소를 포함하며, 산소 개수가 많을수록 산성이 강해진다고 했지만, 여기엔 문제점이 있어요.
어떤 문제점인가요?
염산(HCl)에는 산소(O)가 들어 있지 않단 말이오!

대표적인 산으로 꼽히는 염산(HCl)에는 산소가 없잖아요. 그러나 라부아지에는 자신의 주장을 굽히지 않았지요.
그래서요?
언젠가는 염산 안에 산소가 들어 있다는 걸 알게 될 거야!

얼마 후 데이비가 여러 가지 물질을 전기 분해한 후에 산을 만드는 원소는 산소가 아니라 수소라고 주장했어요.
라부아지에의 대립자가 등장했군요.
산성을 나타내는 건 수소(H)라고요!

이후 리비히 등 여러 과학자들이 데이비의 수소설이 더 합리적임을 밝혔답니다.
라부아지에가 잘못된 이론을 가지고 고집을 부렸던 거였네요.
You win!

두 번째 수업 2

이온이라는 것

처음 이온이라는 말이 쓰였을 때 과학자들조차 어려워했습니다.
이온이라는 게 무엇이기에 많은 논란을 불러일으킨 걸까요?

2

두 번째 수업

이온이라는 것

교과연계		
	고등 과학 1	3. 물질
	고등 화학 Ⅰ	1. 우리 주변의 물질
	고등 화학 Ⅱ	3. 화학 반응

루이스가
영화 〈할로우맨〉에 대한 이야기로
두 번째 수업을 시작했다.

할로우맨

■ 감독 : 폴 버호벤

■ 출연 : 케빈 베이컨, 엘리자베스 슈 등

■ 줄거리

미국 정부는 최고의 과학자들을 구성해 '할로우맨'(투명 인간) 실험에 대한 일급비밀 프로젝트를 추진한다. 그리고 마침내 카인(케빈 베이컨 분)은 실험용 고릴라를 그 자리에서 사라지게 하는

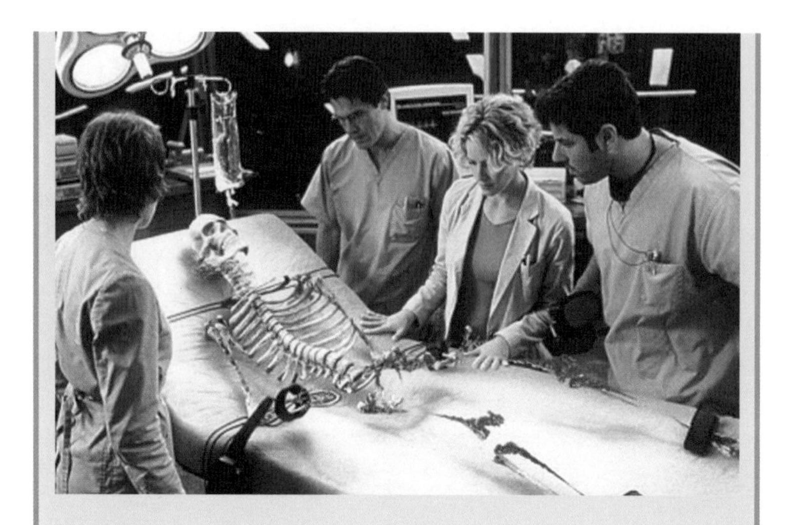

데 성공한다. 하지만 이 실험 결과에 도취된 카인은 미국 국방성의 명령을 어기고 바로 자신에게 투명 인간 실험을 강행한다. 살과 뼈가 차례로 약물에 의해 타들어 간 후, 카인은 동료들이 지켜보는 가운데 실험대 위에서 흔적 없이 사라지고 만다.

뒤늦게 이 일이 엄청나게 위험스러운 도박임을 깨달은 카인의 상관이자 애인인 린다(엘리자베스 슈 분)는 매튜와 함께 그 약의 효능을 없애려고 시도하지만 실패한다. 게다가 투명 인간이 된 카인은 깊숙한 곳에 숨어 있던 그의 욕망과 과대망상을 분출하게 되며, 이 새로운 힘에 급속도로 취해 간다.

보이지 않는 존재로 전지전능하게 변해 버린 투명 인간 카인. 그는 타인의 사생활을 은밀하게 엿보면서 점점 위험한 존재가 되어 간다. 평소 흠모하던 옆집 여인을 폭행하는 등 온갖 악행을 저지르자 카인의 동료들은 카인에 대한 보고서를 상부에 제출하려 하고, 카인은 마침내 동료들을 몰살할 계획을 세우는데……. 마침내 이들 사이에 죽음의 게임이 시작된다.

린다와 카인은 물바다가 된 복도에서 최후의 대결을 벌인다. 카인은 쇠파이프를 휘두르며 린다를 위협한다. 결국 카인은 고압 전류가 흐르는 전기 함을 내려치고, 순식간에 쇠파이프를 타고 흐른 전류에 의해 감전되어 죽게 된다.

그런데 대체 왜 물이 묻어 있는 상태에서 전기가 흐르면 감전되는 것일까요?

설탕과 소금은 뭐가 다르지?

물이 묻었을 때 감전이 일어나는 이유를 알기 위해서는 먼저 소금과 설탕의 차이점에 대해 생각해 보아야 합니다. 소금(NaCl)을 물에 녹인 소금물은 전기가 통합니다. 어떻게 아느냐고요? 전기와 전구를 이용해서 확인해 보면 됩니다. 다

소금물

설탕물

음과 같이 연결하면 전구에 불이 들어오거든요.

그런데 소금과 비슷해 보이기는 해도 설탕을 녹인 설탕물은 전기가 통하지 않습니다. 소금과 설탕 모두 물에 잘 녹지만, 하나는 전기가 통하고, 다른 하나는 전기가 통하지 않는 것이죠. 이러한 차이는 19세기 화학의 수수께끼로 남아 있었답니다. 그리고 그 이유가 무엇인지 알아내기 위해 많은 사람들이 노력을 했지요.

그 수수께끼를 명쾌하게 해결한 사람은 아레니우스라는 화학자였습니다. 그가 제시한 해답은 당시로서는 파격적인 가설로 원자의 내부 구조를 발견하는 데 하나의 단서를 제공했지요.

아레니우스 등장

아레니우스(Svante Arrhenius, 1859~1927)는 스웨덴에서 나고 자란 사람이었는데, 스물네 살 때인 1884년에 웁살라 대학 졸업 논문 주제를 전해질 용액의 전도도를 측정하는 것으로 결정했습니다. 그래서 실험을 한 결과 다음 페이지에 나오는 그래프를 얻었지요.

그는 이 그래프를 해석하여 용액이 묽어질수록 용액의 전도도가 증가한다는 사실을 알아내고, 용매 입자와 용질 입자 사이에서 어떤 상호 작용이 일어나고 있음을 직감했습니다. 그래서 그는 파격적인 결론에 다다릅니다.

아레니우스

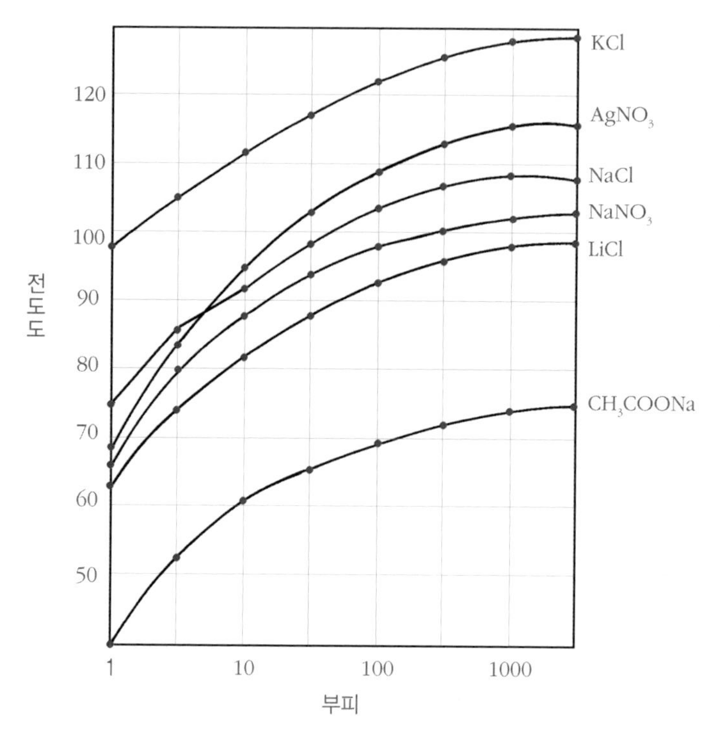

희석률에 따른 용액의 전도도 변화

용질 입자가 용매 입자와의 인력으로 인해 (+)부분과 (−) 부분으로 쪼개진다는 것이었지요. 그는 이 내용을 골자로 하여 박사 학위 논문을 완성합니다. 하지만 그 파격적인 논문은 상당한 논란을 몰고 왔습니다. 그 당시만 해도 과학자들이 돌턴의 원자설을 두고 논쟁을 하며 싸우고 있을 때였거든요. 그런 상황에서 일개 대학원생이었던 아레니우스가 '원자는 당연히 존재하는데, 그 원자도 다시 쪼개진다. 즉, 원자도 더 이상 쪼갤 수 없는 최후의 알갱이는 아니다'라는 파격적인 주장을 폈으니 당연히 그랬을 겁니다.

그리하여 그의 박사 학위 논문은 최하위 점수를 받고 간신히 심사를 통과했습니다. 그의 논문 등급은 4등급(간신히 통과)이었고, 이 낮은 점수로 인해 그는 교수 자리를 구할 수가 없었습니다.

하지만 진실은 언젠가는 승리하는 법이지요. 아레니우스는 자신의 박사 학위 논문을 복사하여 많은 사람들에게 보냈습니다. 논문을 받은 대부분의 사람들 역시 웁살라 대학의 교수들과 마찬가지로 그의 이론을 무시했지만, 몇 년의 시간이 흐르자 서서히 그의 이론을 받아들이는 젊은 학자들이 자신의 실험 결과를 이온과 이온화의 개념으로 설명하기 시작했습니다.

그들 중에는 제1회 노벨 화학상을 받은 반트호프(Jacobus van't Hoff, 1852~1911)도 포함되어 있었지요. 그가 전해질 용액의 경우 예상보다 높은 삼투압을 나타내는 현상을 이온으로 설명했던 것입니다. 또한 당시 산의 촉매 작용을 연구하고 있었던 독일의 화학자 오스트발트(Friedrich Ostwald, 1853~1932)도 아레니우스의 이온화설을 사용하면 자신의 연

구 결과를 깔끔하게 설명할 수 있다는 것을 알게 되었습니다. 그리하여 점차 많은 과학자들이 그의 연구를 지지해 주기 시작했습니다.

세월이 흘러 1897년 톰슨(Joseph Thomson, 1856~1940)이 드디어 전자를 발견하면서 아레니우스는 갑자기 유명 인사가 되었습니다. 원자 내부에 전하를 띠는 알갱이가 있다는 사실은 그로 인해 이온이 만들어질 수 있는 중요한 기초가 되었으니까요.

덕분에 아레니우스는 1903년에 노벨 화학상을 받았습니다. 당시 그가 노벨상을 수상한 연구의 제목은 20년 전의 박사 학위 논문과 같았습니다. 최하 점수로 간신히 심사를 통과했던 그 논문이 노벨상을 안겨 주게 된 것이지요.

처음 이온이라는 말을 접했던 과학자들은 그 개념을 받아들이는 데 상당히 어려워했습니다. 오늘날에는 소금이 녹으면 나트륨 이온(Na^+)과 염화 이온(Cl^-)으로 나누어진다는 것을 대부분 알고 있지만, 처음 이온의 개념을 제시했을 당시에는 사람들로부터 "당신들은 진짜로 비커 안에 나트륨 이온들이 헤엄치고 있다고 믿느냐?"라는 조롱을 듣기 일쑤였으니까요.

하지만 진실은 노벨상으로 판가름났습니다. 당시 이온 3인방으로 불리던 반트호프(1901), 아레니우스(1903), 오스트발트(1909)가 줄줄이 노벨 화학상을 수상한 것입니다.

이온이란?

이온이 무엇이기에 이렇게 많은 논란을 불러일으킨 걸까요? 'ion'이라는 단어는 그리스 어로 '간다'는 뜻의 'ionai'에서 유래된 이름입니다. 전기 분해로 유명한 패러데이(Michael Faraday, 1791~1867)가 전기 분해를 할 때 (+)극과 (−)극으로 이동하는 입자가 있음을 알고, 양이온(cation)과 음이온(anion)이라고 이름을 지은 것이지요. 즉, 이름 자체에 '이동'이라는 의미를 가지고 있습니다.

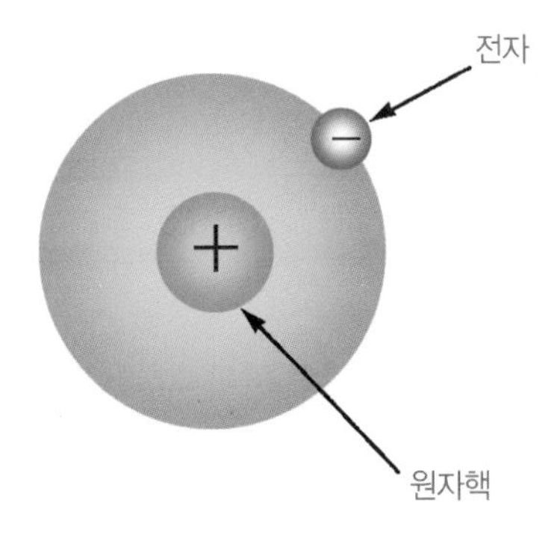

원자의 구조

이온은 자신의 전하에 따라 (+)극 또는 (−)극으로 이동합니다. 그런데 이렇게 전하를 띠는 알갱이가 만들어지기 위해서는 원자의 내부에 전하를 띠는 입자가 있어야겠지요?

원자의 내부에는 (+)전하를 띠는 원자핵과 (−)전하를 띠는 전자가 들어 있습니다. 이 중 전자는 비교적 속박이 적어서 원자핵에 비해 잘 움직일 수 있습니다. 그래서 이 전자들이 빠져나오거나, 외부에 있는 다른 전자들이 들어가면 이온이 됩니다.

원자는 원자핵이 가지고 있는 (+)전하의 양과 전자의 개수가 같아서 전기적으로 중성인데, 전자가 나가거나 들어오면 이 균형이 깨지면서 (+)전하 또는 (−)전하를 띠게 되는 거지요. 이렇게 원자나 분자, 원자단이 전자를 잃거나 얻어서 전

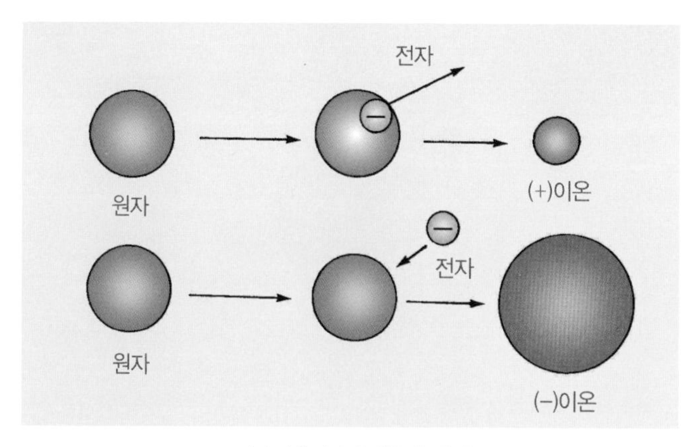

(+)이온과 (−)이온의 생성

하를 띠게 된 상태의 알갱이를 이온이라고 부릅니다.

그럼 (+)이온은 어떻게 해서 만들어지는 것일까요? 전자가 모자라야 (+)가 남아 양이온이 되겠지요? 따라서 양이온은 전자를 잃어버린 상태의 알갱이입니다. 그렇다면 (−)이온이 어떻게 해서 만들어지는지도 짐작이 될 겁니다. 외부에서 전자가 들어온 것이지요.

그럼, 이 이온을 가지고 소금물과 설탕물의 차이를 설명해 봅시다. 소금의 정식 이름은 염화나트륨(NaCl)으로, 나트륨 이온(Na^+)과 염화 이온(Cl^-)이 서로 잡아당겨 만들어진 물질입니다. 이런 소금이 물에 녹으면 두 이온이 서로 갈라져 소금물 속에는 (+)이온과 (−)이온이 들어 있게 됩니다. 여기에 전지를 연결하면 이온들이 이동을 하여 전기가 통하게 되는 것

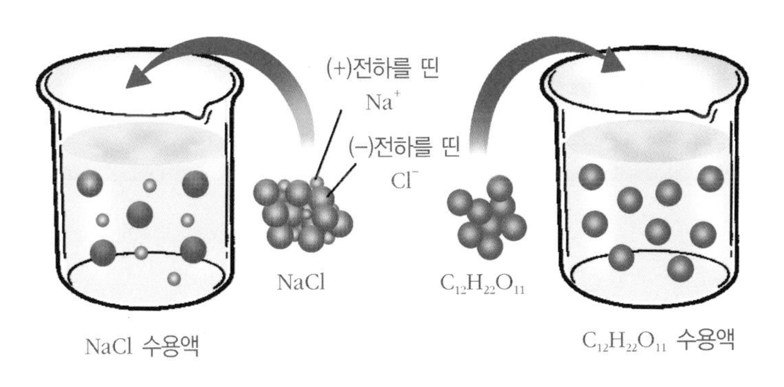

소금과 설탕의 용해 모형

입니다.

그럼 설탕물은 어떨까요? 설탕은 $C_{12}H_{22}O_{11}$이라는 다소 복잡한 분자입니다. 단당류인 과당과 포도당이 붙어서 만들어진 이당류의 일종이죠. 설탕은 물에 녹을 때 분자가 쪼개지지 않고 통째로 녹게 됩니다. 즉, 전하를 띠는 이온으로 갈라지지 않는 것이죠. 따라서 설탕물은 전기를 걸어도 전류가 흐르지 않습니다.

결론적으로, 물에 녹아 이온이 생기면 전기가 통하고, 그렇지 않으면 전기가 통하지 않는 것입니다. 이런 차이를 과학자들은 전해질과 비전해질이라 구분했습니다. 물에 녹았을 때 이온이 생겨서 전기를 통하는 소금과 같은 물질은 전해질, 설탕과 같은 물질은 비전해질이라고 말이죠.

이온 음료란?

최초의 이온 음료는, 만년 꼴찌를 면하기 어려웠던 플로리다 대학의 풋볼팀 선수들의 기력을 높이고자 그 대학의 연구진들이 만들어낸 것입니다. 선수들은 전반전에 너무 많은 체력을 소비하여 후반전에는 맥을 못 추곤 했었어요. 지친 선수들이 물이나 주스 등을 못 마시는 것을 보고 손실된 영양소와 물, 열량을 보충해 주기 위해 만든 것입니다.

팀 닥터를 비롯한 의료진은 열심히 연구하던 중 물이 체내에 잘 흡수되지 않는 이유가 체액과 농도가 다르기 때문이라는 사실을 알아냈습니다. 그래서 체액과 비슷한 농도의 용액을 만들면 흡수가 빨라지겠다고 판단하여 스포츠 음료를 만들어 냈습니다.

스포츠 음료는 운동선수들의 고통을 해결해 주기 위해 첫째 땀으로 손실된 물을 충분히 공급할 수 있어야 하고, 둘째 땀에 녹아 손실된 전해질을 보충할 수 있도록 전해질 이온을 포함하여야 하며, 셋째 계속적으로 운동할 수 있도록 쉽게 열량을 공급해 줄 수 있는 물질을 포함하여야 한다는 원칙에 따라 만들어졌습니다. 그래서 이 음료의 주성분은 전해질, 설탕, 산, 물이며 전해질 이온이 들어 있어 이온 음료라고도 불리게 되었습니다.

이온 음료는 우리 몸의 체액과 농도가 같은 용액으로, 그 안에는 나트륨 이온(Na^+)이나 칼륨 이온(K^+)들이 들어 있고 이것들이 몸속에 들어가면 먼저 흡수되어 전해질 불균형을 해결해 줍니다. 또한 물을 흡수하여 갈증도 해결해 주지요. 게다가 열량도 공급해 줍니다. 이온 음료에 해당하는 스포츠

음료	열량 (kcal)	당분 (g)	나트륨 (mg)	칼륨 (mg)	비타민 C (mg)
오렌지 주스	110	25	2	470	80
콜라	105	28	12	5	0
게토레이	50	15	110	25	30

이온 음료와 다른 음료의 성분 비교

음료에는 당분이 6~8% 정도 들어 있고 100mL당 20~30kcal 정도의 열량을 낼 수 있습니다. 즉, 당분을 포함한 물을 마시면 더 오래 운동을 할 수 있게 해 주지요.

위의 표는 이온 음료와 다른 음료의 성분을 비교한 것입니다. 성분을 보면 스포츠 음료의 주된 목표가 수분, 전해질 이온 보충과 에너지 공급이라는 점을 알 수 있지요.

이렇게 해서 이온 음료를 만들어 낸 플로리다 대학의 의료진은 그 음료의 이름을 '게이터(풋볼팀 선수)를 돕는다(Gator+aid)' 에서 따서 '게토레이'라고 지었습니다.

그로부터 3달 후 플로리다 대학의 풋볼팀은 루이지애나 주립대를 상대로 우세한 경기를 펼치며 뜻밖의 승리를 거두었습니다. 경기가 끝난 후 청소원들은 플로리다 팀 벤치에서 수십 개의 빈 음료수 팩을 발견했지요. 하지만 그것이 무엇인지는 알아차리지 못했습니다.

그리고 그 다음 해인 1966년 드디어 플로리다 팀은 우승을 하였고, 1967년 초청 경기에서도 승리하는 기염을 토했습니다. 그러자 패배 팀의 코치는 플로리다 팀 벤치에 뒹굴고 있는 음료수 팩을 보고 이마를 쳤습니다.

"우리는 '저것'이 없었어. '저것' 때문에 차이가 난 거야."

시간이 흐르면서 플로리다 풋볼팀의 비밀은 밝혀졌고, 이후 이온 음료는 모든 스포츠인들이 애용하는 음료가 되었습니다. 이제는 운동을 별로 안 하는 사람들도 마실 정도로 대중화되고 친숙해진 것이지요.

물 묻으면 감전되는 이유는?

우리가 인식하지 못하고 있지만 지금도 이온은 우리 주위를 둘러싸고 있습니다. 그리고 이런 이온 때문에 간혹 사고를 당하기도 합니다.

물 묻은 손으로 전기 플러그를 만지지 말라고 하지요. 물로 인해 감전을 당하는 사례도 심심치 않게 발견되곤 합니다. 특히 장마철에 가로등이나 맨홀 뚜껑 근처에서 감전 사고가 일어나는 경우도 있지요.

앞서 보았던 영화에서 투명 인간이 최후를 맞는 것도 물이 흥건한 복도에서 전기에 감전되었기 때문입니다. 또한 DNA 조작을 통해 만들어진 영리한 식인 상어를 다룬 영화 〈딥 블루 씨〉에서도 식인 상어를 물리칠 때 여주인공이 부도체인 옷 위에 올라서 전선을 뽑아 들고 상어의 입에 넣어 감전사시키는 장면이 나옵니다.

그런데 사실 순수한 물은 전기를 통하지 않습니다. 이온이 거의 없기 때문이지요. 그렇다면 단순히 물이 묻은 것뿐인데 전기가 흘러 감전이 되는 것은 무엇 때문일까요? 그것은 바로 이온 때문입니다. 우리의 손에서 물로 녹아드는 이온들, 또는 불순물들이 물에 녹아 공급되는 이온들 때문에 전기가 흐를 수 있는 것이지요. 그러니 물이 묻은 상태에서는 플러그를 절대로 만지지 마세요.

자, 그럼 이제 산과 염기가 전해질이나 이온과 어떻게 관련이 되는지 이야기할 때가 되었네요. 산과 염기는 모두 전해질의 일종입니다. 산과 염기가 물에 녹으면 이온이 나온다는 것이지요. 그런데 두 물질은, 내놓는 이온의 종류가 다릅니다.

뭐가 어떻게 다른지는 다음 시간에 함께 알아봅시다.

과학자의 비밀노트

참새와 전기뱀장어는 왜 감전되지 않을까?

전해질, 도체, 인체 등 전기가 통하는 물질에 전류가 흘러 상처를 입거나 충격을 느끼는 일을 감전이라고 한다.

그런데 고전압의 전깃줄 위에 앉아 있는 참새가 감전되지 않는 이유는 무엇일까? 우선 전깃줄이 절연되어 있기 때문이다. 그러나 전압이 매우 높으면 절연체를 통과하여 전류가 흐를 수 있다. 하지만 참새의 양발은 같은 전선 위에 있기 때문에 발과 발 사이의 전압차는 충분히 작다. 그리고 참새의 저항이 전선보다 훨씬 크기 때문에 전류는 전선을 통해서 흐른다. 만약 참새가 한 발은 전깃줄에, 다른 한 발은 땅이나 다른 전선에 놓는다면 전압차가 매우 크고 전류가 흐를 길이 참새의 몸밖에 없으므로 참새는 감전된다.

또한 전기를 발생시킬 수 있는 전기뱀장어는 왜 감전되지 않을까? 전기뱀장어는 보통 650~850V(볼트)의 매우 큰 전압을 발생시켜 큰 물고기도 쇼크로 기절시킬 수 있다. 하지만 전기뱀장어는 몸의 구조가 병렬 회로로 이루어져 있다. 병렬 회로에서는 전체 전류가 각각의 회로로 나누어지기 때문에 하나의 회로에 흐르는 전류는 전체 전류의 약 1% 이내로 매우 작은 값이다. 따라서 주위의 다른 물고기에 전기적 충격을 가할 때, 전기뱀장어 자신은 감전되지 않는다.

만화로 본문 읽기

음료	열량 (Kcal)	당분 (g)	나트륨 (mg)	칼륨 (mg)	비타민 C (mg)
오렌지 주스	110	25	2	470	80
콜라	105	28	12	5	0
게토레이	50	15	110	25	30

세 번째 수업

3

아레니우스의 산과 염기라는 것

어떤 산은 먹어도 되고, 어떤 산은 먹어선 안 되는 까닭은 무엇일까요?
아레니우스가 정의한 산과 염기에 관해 알아봅시다.

3

세 번째 수업

아레니우스의 산과 염기라는 것

교.과.연.계.

고등 과학 1	3. 물질
고등 화학 Ⅰ	1. 우리 주변의 물질
고등 화학 Ⅱ	3. 화학 반응

루이스가 《키다리 아저씨》에 대한 이야기를 하면서 세 번째 수업을 시작했다.

키다리 아저씨

■ 지은이: 진 웹스터

■ 등장 인물: 지루셔 애벗(주디), 키다리 아저씨, 샐리 맥브라이드, 줄리아 펜틀턴 등

■ 줄거리

존 그리어 고아원에서 힘든 나날을 지내고 있던 고아 소녀 지루셔는 어느 날 고아원을 방문한 친절한 자선가의 배려로 대학에 다

닐 수 있게 된다. 우연히 본 뒷모습 때문에 '키다리 아저씨'라 이름 붙여진 그 후원자는 모든 학비를 대 주는 대신 그에게 편지를 써 달라는 부탁을 남긴다. 남달리 문학에 재질이 있는 지루셔에게 작가가 될 수 있는 길을 열어 주겠다는 호의를 베푼 것이다. 지루셔는 뛸 듯이 기뻐하며 대학에 진학을 하게 되고 그곳에서 줄리아, 샐리 등의 친구들을 만나고 사랑을 알아 가며 꿈 많고 아름다운 숙녀로 성장해 간다.

2월 4일

키다리 아저씨!

……(중략)……

요즈음은 공부에 대한 것을 전혀 알려 드리지 못했군요. 하지만 안심하셔도 좋아요. 저는 오로지 공부만 하고 있으니까요. 한꺼번에 다섯 과목을 배우니 머릿속이 뒤죽박죽이에요.

화학 선생님은 "진정한 학문이란, 세밀한 것까지 연구해야 한다."라고 말씀하시는가 하면, 역사 선생님은 "자질구레한 일에 얽매일 필요는 없다. 대강의 중요한 것을 파악할 수 있도록 어느 정도 거리를 두고 연구하는 태도가 중요해."라고 말씀하십니다. 그러니 교육을 받는 우리로서는 어느 쪽의 의견을 받아들여야 할지 갈

팡질팡할 수밖에요.

여섯째 시간을 알리는 종소리입니다. 실험실에 가서 산과 알칼리에 대한 세밀한 것을 연구하지 않으면 안 됩니다. 저는 화학 실험 중에 염산을 떨어뜨려 실험복에 접시만 한 구멍을 내고 말았어요. 이론대로라면 알맞은 강도의 암모니아로 이 구멍을 중화시킬 수 있을 텐데, 그렇게는 안 되겠죠?

다음 주에 시험이 있지만 조금도 두려울 게 없어요.

아저씨의 변함없는 주디 올림

그런데 대체 산과 염기라는 게 뭘까요? 실험복에 접시만 한 구멍이 났다니, 정말 위험한 게 아닐까요?

산과 염기는 뭐가 다르지?

주디의 실험복에 접시만 한 구멍이 나도록 만든 것이 염산이라고 했지요? 그리고 그 구멍을 메우기 위해서는 암모니아가 필요하다고 했고요.

염산과 암모니아는 뭐가 달라서 그런 작용을 할 수 있는 걸까요? 그리고 실험복에 난 구멍이 암모니아로 메워질 수 있나요?

이번 시간에 우리는 산과 염기는 어떻게 다른지에 대해 배울 겁니다. 그걸 우리에게 가르쳐 줄 사람은 지난 시간에 등장했던 과학자, 아레니우스예요.

아레니우스가 얼마나 대단한 사람인지는 이미 배웠지요? 원자의 존재마저도 확신하지 못하고 있던 시대에, 거기에서 과감하게 한 발 더 나아가 이온의 존재를 주장했던 그의 생애를 살펴보면 정말 배울 점이 많다는 생각이 든답니다.

그가 세운 여러 가지 업적들을 조금만 더 살펴볼까요? 그는 화학 반응이 일어나기 위해서 반드시 넘어야 할 에너지 언덕의 개념인 활성화 에너지라는 것을 처음으로 정의하여 화학 반응이 일어나는 과정의 신비를 밝히는 데 커다란 기여를 했습니다. 또한 이산화탄소 기체가 지구 온난화의 문제를 일으킬 수 있음을 최초로 지적하기도 했어요.

하지만 뭐니 뭐니 해도 '아레니우스' 하면 처음으로 떠오르는 것은 산과 염기일 겁니다. 그만큼 체계적으로 산과 염기에 관한 원리들을 잘 정리했다는 뜻이겠지요.

사실 산과 염기는 우리가 매일 접할 수 있는 다양한 곳에서 매우 중요한 역할들을 한답니다. 예를 들어, 우리 몸속에는 혈액의 산성도를 주의 깊게 조절하는 복잡한 시스템이 작동하고 있어요. 만약 몸이 산성화되면 심각한 질병에 시달리거나 또는 죽음에 이를 수도 있거든요. 이건 다른 생물들에도 마찬가지입니다. 만약 열대어나 금붕어를 키우는 사람이라면 어항 물의 산성도가 적당하게 유지되는지 주의 깊게 살펴보아야 합니다.

요즘엔 산이 생물에 미치는 영향에 대한 연구의 중요성이 많이 부각되고 있습니다. 그건 바로 산성비 때문입니다. 한국의 경우 중국에서 불어오는 오염 물질이 한국의 비에 많은 영향을 미치는 것으로 알려져 있어요. 그래서 산성비는 경제적, 외교적인 측면까지 감안되어야 하는 매우 복잡한 문제입니다.

아레니우스, 산과 염기를 정의하다

이렇듯 중요한 산과 염기에 대해 아레니우스가 어떤 정의를 내렸는지 자세히 살펴볼까요? 이온의 존재를 처음으로 주장했던 그는 산과 염기도 이온의 차원에서 정의했습니다. 아레니우스의 정의에 따르면, 산은 물에 녹아 수소 이온(H^+)을 내놓는 물질이고 염기는 수산화 이온(OH^-)을 내놓는 물질입니다. 간단하게 예를 들어 볼까요?

음식의 새콤한 맛을 더해 주는 식초에는 아세트산이라는 산이 들어 있답니다. 아세트산의 분자식은 CH_3COOH인데, 이 물질은 물에 녹으면 다음과 같이 갈라집니다.

$$CH_3COOH \rightarrow CH_3COO^- + H^+$$

아세트산이 갈라져서 아세트산 이온(CH_3COO^-)과 수소 이온(H^+)이 나오죠? 그래서 아세트산은 산에 속하는 것입니다. 또 있어요. 우리 몸의 위(胃)에는 어떤 물질이 들어 있는지 아시나요? 염산(HCl)이랍니다. 염산이 어떻게 이온화되는지 살펴봅시다.

$$HCl \rightarrow H^{+} + Cl^{-}$$

아세트산과 마찬가지로 수소 이온이 나오는 것이 보일 겁니다. 그 외의 다른 산들도 마찬가지예요. 아레니우스는 이런 물질들을 통틀어 '산'이라는 말로 부른 겁니다.

'산(acid)'이라는 말은 라틴 어의 'acidus' 즉 '시다'는 말에서 유래했습니다. 신맛을 내는 산에는 아세트산, 락트산(젖산), 염산 등이 있지요. 식초나 신 김치를 통해서 아세트산이나 락트산이 신맛을 낸다는 것은 알 수 있지만, 염산이 시다고요? 혹시 염산 용액을 먹어 본 사람이 있나요?

혹시라도 염산 용액을 맛보는 것은 절대 안 됩니다. 매우 위험하거든요. 그럼에도 불구하고 우리는 가끔씩 염산의 맛을 보게 되는 기회가 있답니다. 우리 위에 염산이 들어 있잖아요. 토할 때 위액이 함께 넘어오기 때문에 염산의 신맛을 느낄 수 있습니다.

이렇게 대부분의 산은 신맛을 냅니다. 그래서 이름도 거기에서 유래한 거지요. 하지만 모든 산이 다 신맛을 내는 것은 아니랍니다. 예를 들어, 사이다나 콜라 속에 들어 있는 탄산(H_2CO_3)은 신맛이라기보다는 톡 쏘는 맛이 나지요. 맛을 가

지고 물질의 종류를 구분한다는 것은 매우 원시적이고 위험한 방법입니다. 이런 시절에 아레니우스는 이온의 관점에서 산의 정의를 내린 겁니다.

그럼 이제 염기를 한번 살펴볼까요? 우리가 주변에서 쉽게 볼 수 있는 염기로는 위장병 치료제가 있습니다.

위산을 중화시켜 주는 역할을 하기 때문에 흔히 제산제라고 부르지요. 대개 알약 또는 걸쭉한 액체 상태로 판매됩니다. 위산을 중화하는 것이 목적이기 때문에 제산제의 성분은 당연히 염기를 포함하고 있습니다. 거기에 들어가는 염기들은 주로 수산화알루미늄($Al(OH)_3$), 수산화마그네슘($Mg(OH)_2$) 등입니다. 이 염기들이 어떻게 이온화되는지 한번 살펴봅시다.

$$Al(OH)_3 \rightarrow Al^{3+} + 3OH^-$$
$$Mg(OH)_2 \rightarrow Mg^{2+} + 2OH^-$$

하수구 청소제

두 물질 모두 수산화 이온이 나오지요? 아레니우스는 이런 물질들을 염기라고 불렀습니다.

또 다른 염기의 예로 막힌 하수구를 뚫을 때 사용하는 하수구 청소제가 있습니다. 하수구 청소제의 옆 부분을 보면 성분 표시가 되어 있는데, 그중 수산화나트륨(NaOH)이라는 성분이 바로 염기예요. 수산화나트륨은 물에 녹아 다음과 같이 이온화됩니다.

$$NaOH \rightarrow Na^{+} + OH^{-}$$

수산화 이온이 나오는 것 보이시죠? 염기라는 의미입니다.

누가 더 셀까?

같은 산이라 해도, 우리가 먹을 수 있는 게 있는가 하면 절대 먹어서는 안 되는 것도 있습니다. 식초의 아세트산, 신 김치나 요구르트의 락트산, 오렌지의 시트르산, 사이다의 탄산 같은 것들은 우리가 매일 먹어도 별다른 해가 없어요. 하지만 염산이나 황산 같은 산을 먹었다간 큰일 납니다. 죽을 수도 있거든요.

왜 어떤 산은 먹어도 되고, 어떤 산은 먹으면 안 되는 것일까요? 염산이나 황산 같은 산들은 산성이 너무 강해서 인체에 해를 입히기 쉽습니다. 그렇지만 탄산이나 아세트산 같은

산들은 산성이 약해서 우리가 먹어도 별 피해가 없어요. 즉, 산의 세기에 따라 안전하기도 하고 위험하기도 한 것이지요.

산의 세기를 나누는 기준은 이온화되는 정도입니다. 이온화가 잘되어서 이온이 많이 생기는 것은 강한 산이고, 그렇지 않으면 약한 산이라고 합니다. 예를 들어, 염산은 물에 녹으면 거의 다 이온화되어 수소 이온과 염화 이온으로 갈라집니다. 그렇지만, 아세트산은 물에 녹았을 때 아세트산 이온과 수소 이온으로 갈라지는 비율이 매우 적습니다.

이것을 숫자로 정확하게 비교하기 위해서는 뭔가 식이 필요합니다. 그래서 화학자들은 이온화식을 이용해 산의 이온

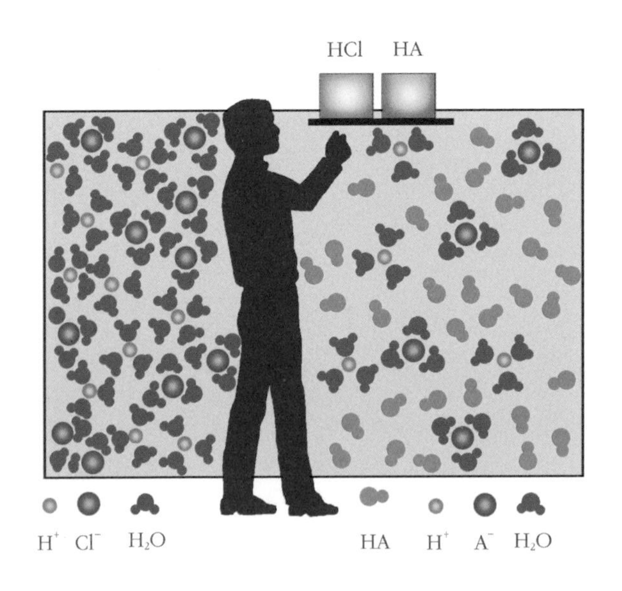

화 상수(K_a)라는 것을 적어서 산의 세기를 구별하는 데 사용해요. 숫자나 계산만 나오면 오금이 저리는 사람들 많죠? 하지만 너무 걱정하지 않아도 된답니다. 직접 계산하는 것은 좀 더 나중에 어려운 화학을 배울 때 하고, 지금은 간단하게 이온화 상수에 대해 이해하기만 하면 되니까요.

어떤 산이 다음과 같이 이온화된다고 합시다.

$$HA \rightarrow H^+ + A^-$$

이때 K_a 값은 생성 물질의 농도 곱과 반응 물질의 농도 곱의 비를 가리킵니다. 무슨 말인지 이해가 잘 안 되지요? 이를 식으로 쓰면 이해가 더 잘될 겁니다. 위의 식에서 K_a는

$$K_a = \frac{\text{생성 물질의 농도 곱}}{\text{반응 물질의 농도 곱}} = \frac{[H^+] \times [A^-]}{[HA]}$$

이라고 쓰면 됩니다. 식에서 쓰고 있는 [ ]는 물질의 농도를 나타내는 표시입니다. $[H^+]$라고 하면 수소 이온의 농도를 나타내는 표시이지요.

반응 물질이 HA이고, 생성 물질이 H^+와 A^-이므로 위와 같이 식을 쓸 수 있습니다. 그럼 이제 K_a값의 의미를 생각해 봅

시다. K_a값이 크다는 것은 분모보다 분자가 크다는 말이 되겠지요. 반응 물질의 농도에 비해 생성 물질의 농도가 크다는 말이고요. 결국 수용액 중의 $[H^+]$값이 크다는 말입니다. 이런 경우를 강한 산이라고 합니다.

염산과 같은 강한 산은 분모 값이 너무 작아서 값으로 정확하게 표시하기 어려울 정도로 K_a값이 매우 큽니다. 하지만 아세트산은 K_a값이 1.8×10^{-5}밖에 안 됩니다. 이 정도의 수가 나오려면 분자의 $[H^+]$와 $[A^-]$의 값이 각각 1M이라고 했을 때, 분모에 해당하는 [HA]의 값은 대략 5만 M이 됩니다. 5만여 개의 HA 분자가 있고, H^+ 및 A^-이 하나씩 존재하는 것이죠. 정말 미미한 양이라 볼 수 있습니다.

염기의 경우도 산과 같은 원리가 적용됩니다. 다만 K_b라는

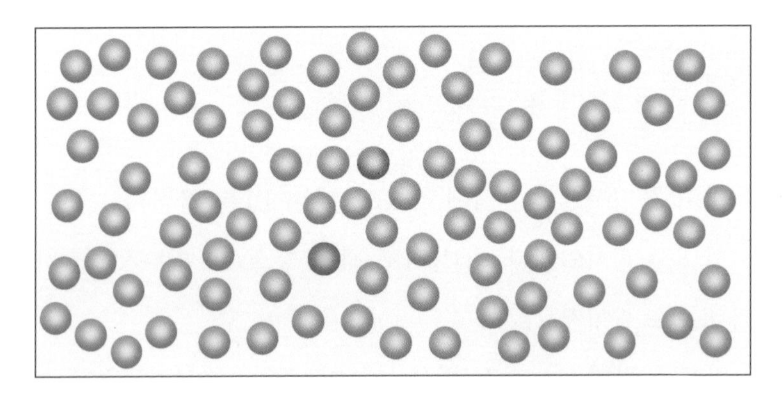

HA　H^+　A^-　약한 산 수용액의 이온 모형

기호를 쓰는 점만 다릅니다. 왜 산은 K_a, 염기는 K_b를 쓰는 걸까요? 눈치가 빠른 사람들은 아마 짐작했을 거예요. 영어로 산은 acid, 염기는 base이거든요. K는 평형 상수를 가리키는 일반적 기호이니까 여기에 아래 첨자로 a, b를 붙이면 산의 이온화 상수 K_a 염기의 이온화 상수 K_b가 되는 것입니다. 어쨌든, 염기의 경우도 K_b값이 크면 강한 염기, 작으면 약한 염기입니다.

지금까지 아레니우스가 정의한 산과 염기의 뜻과 세기에 관해 알아보았습니다.

과학자의 비밀노트

염기의 이온화 상수, K_b

산의 이온화 상수인 K_a값이 산의 세기를 나타내는 척도가 되는 것과 마찬가지로 염기에 대해서도 이온화 상수로서 염기의 세기를 나타낼 수 있다.

$$B + H_2O \rightarrow BH^+ + OH^-$$

$$K_b = \frac{[BH^+][OH^-]}{[B]}$$

여기에서 K_b를 염기의 이온화 상수라고 하며, K_b값이 클수록 강한 염기이다.

만화로 본문 읽기

선생님,
산과 염기는
어떻게 다른가요?
아레니우스의 정의에 따르면, 산은 물에 녹아 H^+을 내놓는 물질이고 염기는 OH^-을 내놓는 물질이에요.
난 산이야 ~
H+
난 염기야 ~
OH-

음식의 새콤한 맛을 더해 주는 식초도 산이죠?
OO
식초
맞아요, 식초에는 아세트산이라는 산이 들어 있지요.

아세트산이 물에 녹으면 아세트산 이온(CH_3COO^-)과 수소 이온(H^+)이 나오기 때문에 아세트산은 산에 속하는 거예요.
그렇군요.
$CH_3COOH \rightarrow CH_3COO^- + H^+$

우리 몸의 위에도 산이 있지 않나요?
맞아요. 위에는 염산이 있어서 이온화되면 아세트산과 마찬가지로 H^+이 나오지요.
$HCl \rightarrow H^+ + Cl^-$

그러면 염기에는 무엇이 있나요?
흔히 제산제라고 부르는 위장병 치료제가 있어요. 위산을 중화하는 것이 목적이기 때문에 당연히 염기성 물질이지요.
제산제

거기에 들어가는 염기들은 주로 수산화알루미늄, 수산화마그네슘 등이죠. 이 물질들이 이온화되면 OH^-이 나와요.
그렇군요.
$Al(OH)_3 \rightarrow Al^{3+} + 3OH^-$
$Mg(OH)_2 \rightarrow Mg^{2+} + 2OH^-$

네 번째 수업 4

산, 산, 산

우리 주변에서 쉽게 접할 수 있는 산에는 어떤 것이 있을까요?
무서운 산성비에 대해서도 알아봅시다.

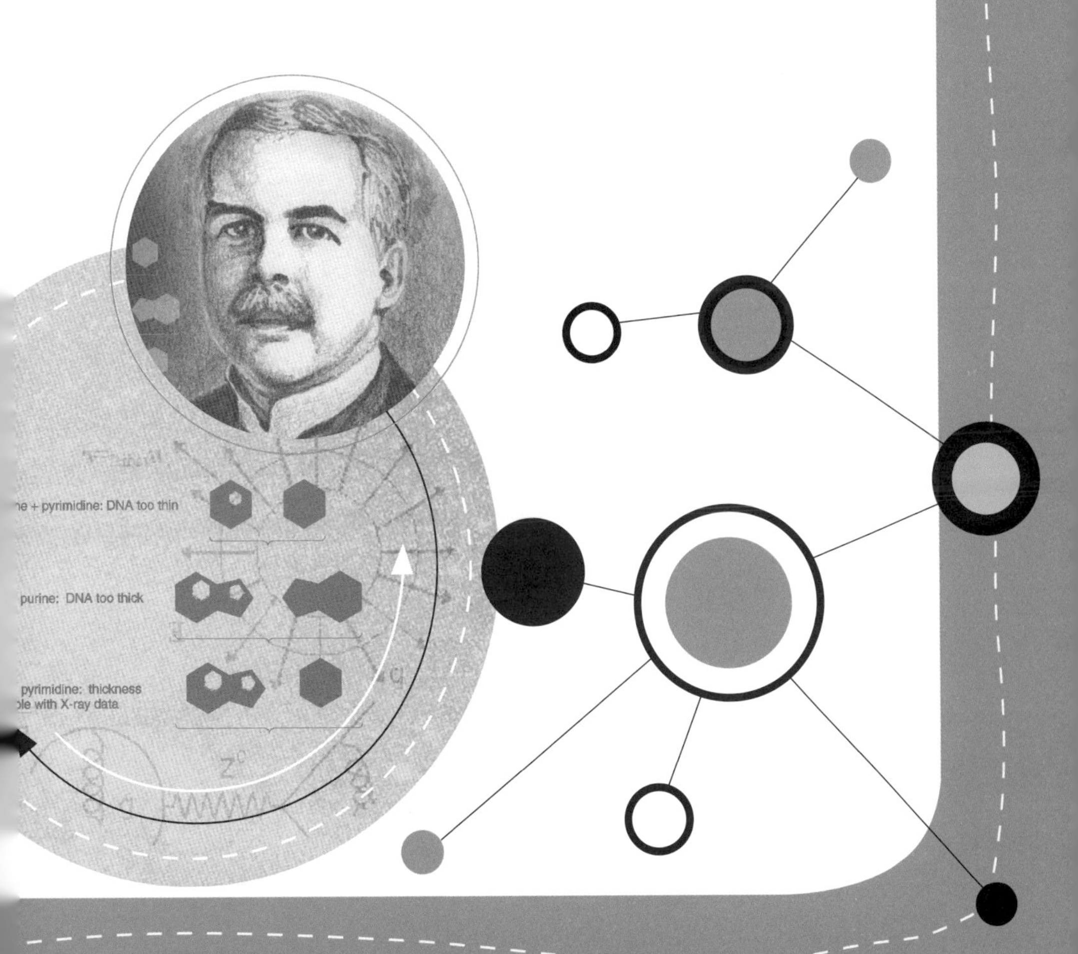

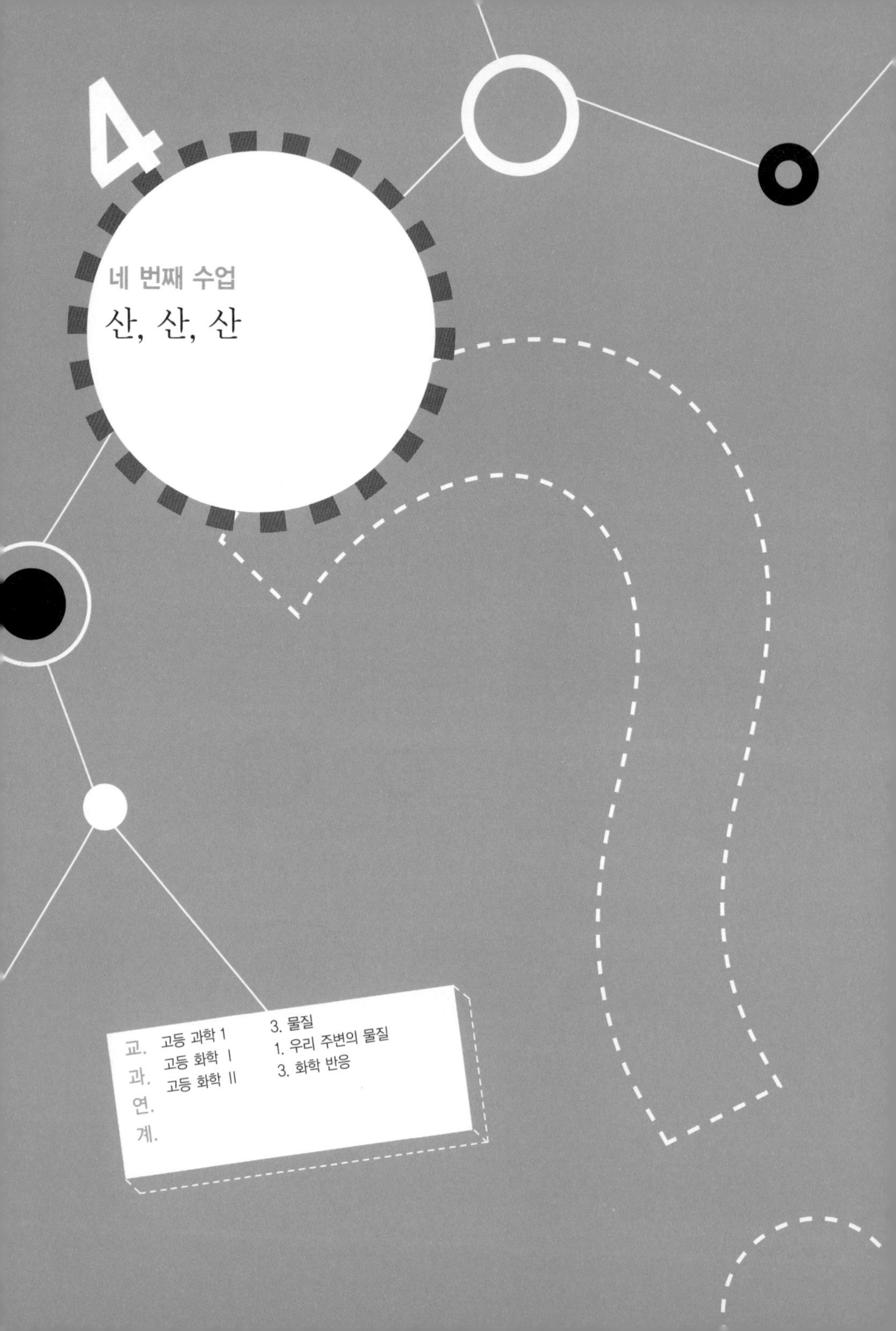
4
네 번째 수업
산, 산, 산
교.
과.
연.
계.
고등 과학 1
고등 화학 Ⅰ
고등 화학 Ⅱ
3. 물질
1. 우리 주변의 물질
3. 화학 반응

루이스가 주변에서 쉽게 볼 수 있는
산에 대해 알아보자며
네 번째 수업을 시작했다.

단테스 피크

■ 감독: 로저 도널드슨

■ 출연: 피어스 브로스넌, 린다 해밀턴 등

■ 줄거리

해리 달턴은 화산학자로서 세계 각지를 돌아다니며 화산을 연구한다. 4년 전 화산 현장에서 약혼녀를 잃은 그는 지금 미국에서 가장 아름다운 마을 중의 하나인 단테스 피크로 향한다. 단테스 피크

는 작은 시골 마을로 화산이 활동하고 있으며 주민들은 그것을 이용해 이 마을을 관광의 명소로 이끌어 나간다.

해리는 축제가 열리고 있는 이 작은 도시 단테스 피크에서 두 아이의 어머니이자 시장인 레이첼을 만난다. 그러던 중 관광객 두 연인이 온천수에서 사고를 당하는데, 해리는 이 사건을 계기로 이 마을에 있을 화산 폭발의 가능성을 감지한다.

시장 레이첼은 급히 비상 회의를 소집하여 대책을 강구하지만 해리의 상관인 폴이 나타나 화산 폭발 가능성을 일축해 버린다. 화산 활동을 뒷받침할 수 있는 과학적 근거를 찾던 폴은 해리에게 너무 성급한 결정은 내릴 수 없다며 며칠 동안의 조사 끝에 철수를 명령한다.

해리가 떠나기 전날, 그는 레이첼과 작별 인사를 나누기 위해 그녀의 집을 방문한다. 레이철은 잠에서 깨어난 딸에게 물을 주려다가 수돗물에 황산이 섞여 있는 것을 발견하고 이 사실을 급히 폴에게 알리지만 이미 때는 늦어 버렸다.

그날 밤 마을회의를 소집하여 이 사실을 알리는 순간 화산은 폭발하고 도시는 아수라장이 되어 버린다. 도시를 탈출하려는 자동차들이 뒤엉기고 건물과 도로가 무너져 내리고 용암이 덮치는 상황에서, 할머니를 찾아 산으로 올라간 아이들을 구하기 위해 레이첼과 해리는 우왕좌왕하는 사람들의 틈을 헤치고 산 중턱의 오두막집을 찾아간다.

할머니를 구하기 위해 산으로 올라갔다가 흘러내리는 용암으로 길이 막히자 그들은 보트로 탈출을 시도한다. 하지만 이미 호수에서는 이상한 냄새가 풍기고 죽은 물고기들이 호수 위에 가득하다. 해리 일행이 보트를 타고 탈출을 시작하자, 산성화된 호수 물이 보트 바닥을 부식시키기 시작한다. 여기에 설상가상으로 프로펠러가 모두 녹아 버리고 만다.

그런데 산은 어떻게 금속을 녹일까요? 모든 금속이 다 녹는 것일까요?

인간과 함께 호흡하며 존재해 온 산의 종류는 매우 많습니다. 이런 산들은 위의 영화에서 본 것처럼 화산 폭발 등을 통해 자연적으로 만들어지기도 하고, 인공적으로 만들어지기

도 합니다. 이번 시간에는 이런 산들이 어떤 특징을 가지고 있는지, 그리고 우리 주변에 존재하는 산들은 어떤 특징들이 있는지 살펴보도록 하겠습니다.

산은 푸른 리트머스 종이를 붉게 변화시키며 아연이나 마그네슘과 같은 금속과 반응하면 수소 기체가 발생합니다. 또한 탄산염을 포함한 물질은 산과 반응하면 이산화탄소 기체를 발생하며 녹기도 합니다. 이 모든 현상은 수소 이온이 있기 때문에 일어납니다.

리트머스 종이가
붉게 변함.

마그네슘과 반응하여
수소 기체가 발생함.

탄산수소나트륨과 반응하여
이산화탄소가 발생함.

금이나 은, 구리 등의 몇 가지 금속을 제외한 금속들은 대부분 산에 녹습니다. 금속이 산에 녹는 것은 산의 특징 중 상당히 중요하게 취급되는 거예요. 그래서 영화나 소설 등에서 산에 대해 표현할 때 금속이 녹는 장면을 보여 주는 경우가 많습니다.

앞에서 소개한 영화 〈단테스 피크〉에서도 금속으로 된 배의 밑바닥과 프로펠러가 산성화된 호수의 물에 녹아서 위험에 처하게 되지요. 좀 더 오래된 영화 '에일리언' 시리즈에서는 에일리언의 침 성분이 강산성으로 설정되어 있어요. 그래서 에일리언의 침이 닿은 금속은 녹아 버립니다. 그러니 산성비가 내린다면 금속으로 만들어진 구조물들이 녹는 것은 당연하겠지요?

탄산염으로 만들어진 것들이 산에 녹는 것 또한 산의 중요한 특징입니다. 클레오파트라의 '달의 눈물' 사건을 기억하나요? 가장 간단하게 확인할 수 있는 방법은 식초에 달걀을 넣어 보는 겁니다. 순식간에 달걀의 표면에서 기체가 나오면서

식초 속에 담겨 있는 달걀

껍데기가 서서히 녹는 것을 볼 수 있습니다. 달걀 껍데기의 주성분이 탄산칼슘이거든요. 1~2일 정도만 달걀을 넣어 두면 껍데기를 완전히 다 녹일 수 있답니다. 그렇다면 같은 성분으로 된 암석들이 산에 무사할 리가 없겠지요?

석회암, 대리석 등은 주성분이 탄산칼슘이기 때문에 산성 물질에 닿으면 녹게 됩니다. 그러니 대리석으로 만들어진 역사적 유물들은 산성비의 피해를 입지 않도록 주의를 기울여야 한답니다.

아세트산

'산' 이라고 했을 때 가장 먼저 떠오르는 게 뭔가요? 아마도 식초가 아닐까 싶네요. 식초의 역사는 술의 역사와 관계가 깊습니다. 과일즙이 발효하면서 알코올이 생기고, 더 오래 진행되면 식초가 되지요.

그래서 식초는 구약 성경에도 나와 있을 정도로 그 역사가 길고, 지금까지도 우리 옆에 친숙하게 존재하는 산입니다. 정확하지는 않지만 대략 1만 년 전에도 이미 조리용이나 약용으로 사용되었다고 해요.

식초는 보관하던 술이 우연히 발효되어 만들어진 것입니다. 식초라는 뜻의 영어 'vinegar'는 프랑스 어의 'vinaigre'에서 유래되었는데, 'vinaigre'는 'vin(와인)'과 'aigre(시다)'의 합성어라는 사실에서도 알 수 있습니다.

이런 식초의 신맛을 내는 성분이 아세트산입니다. 일반적으로 우리가 먹는 식초는 아세트산의 농도가 5~10% 정도 되는 수용액이고, 빙초산이라고 부르는 강력 식초는 아세트산의 농도가 99% 정도 되는 제품입니다. 당연히 맛은 식초에 비해 훨씬 시고 위험하기도 합니다. 아세트산이 비록 약산이기는 하나 농도가 진해지면 피부에 닿았을 때 해를 끼칠 수 있으니 빙초산을 다룰 때는 절대 주의해야 한답니다.

염산

염산은 무섭지만 사실 우리 몸속에 들어 있는 친숙한 산이지요. 위에서 분비되어 소화 효소인 펩신을 활성화시켜서 단백질의 소화가 일어날 수 있게 해 주니까요. 만약 위산이 부족하면 우리가 먹는 고기는 제대로 소화되지 못해서 영양실조가 될 겁니다.

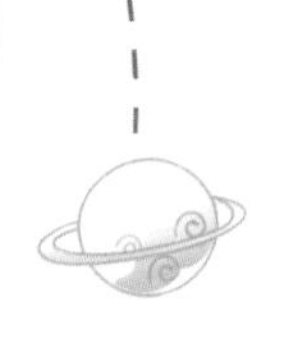

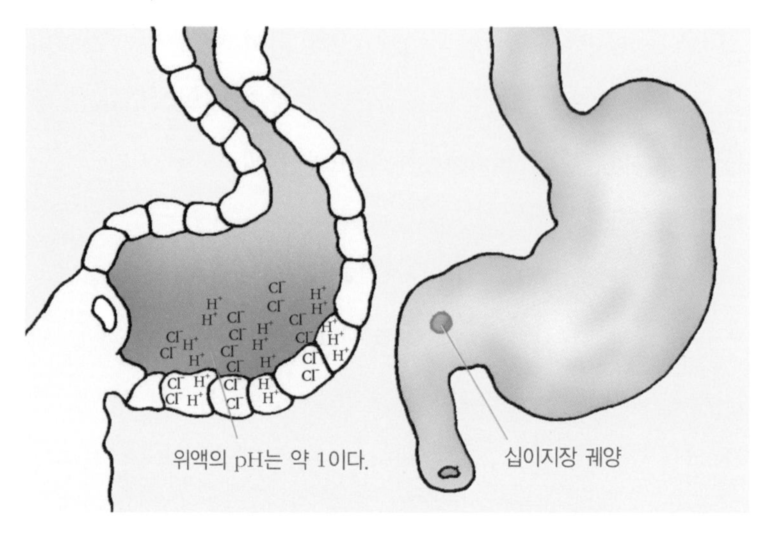

그런데 뭐든지 지나친 것은 모자란 것만 못하다고, 모자라는 경우보다 위산 과다가 되어 안 좋은 경우가 훨씬 많습니다. 속 쓰리다는 것이 어떤 것인지 알지요? 과다 분비된 위산은 위벽을 자극해 헐게 하고, 궤양을 만들기도 한답니다. 그래서 많은 사람들이 위장병에 시달리면서 약을 먹습니다.

사람의 위벽에는 수천 개의 염산 분비 세포가 있어 음식물의 소화를 돕고 박테리아의 성장을 억제하고 있습니다. 정상적인 위의 내벽은 염산이 있어도 손상되지 않아요. 내벽 점막에서 분당 50만 개의 세포가 교환되기 때문이지요.

음식을 먹으면 위장 내부에서는 수소 이온(H^+)과 염화 이온(Cl^-)이 분비되고, 그 결과 위장 내부는 강산성을 띠게 됩니다. 이로 인해 단백질의 소화 과정에 관여하는 효소 펩신이 활성화되어 소화가 진행되는 겁니다.

그러나 과식을 하거나 스트레스를 받으면 위산이 자주 분비되어 위의 산성이 지나치게 높아지고 그 결과 위벽이 손상되어 아픔을 느끼다가 심해지면 궤양을 일으키게 됩니다. 이렇게 위산 분비로 인해 문제가 생긴 사람들은 산을 중화시킬 수 있는 적절한 제산제를 복용하는 치료를 받아야만 합니다. 우리 모두 스트레스 받지 말고 건강한 삶을 살도록 노력합시다.

탄산

탄산은 물에 이산화탄소 기체가 녹았을 때 만들어집니다. 그래서 이런 종류의 음료를 탄산음료라고 부르지요. 콜라나 사이다의 톡톡 쏘는 상쾌한 맛을 기억하는 사람들은 그 맛의 마력에서 벗어나기가 어렵습니다. 특히 느끼한 음식을 먹을 때는 어김없이 콜라를 마시고 싶은 욕구가 밀려오게 마련이지요.

이런 탄산음료를 처음으로 만든 사람은 누구일까요? 콜라를 처음 만든 사람인 미국의 약제사 펨버턴을 떠올리기 쉽지

만, 실제로 탄산음료를 처음으로 만들어 먹어 본 사람은 산소의 발견으로 유명한 영국의 화학자 프리스틀리(Joseph Priestley, 1733~1804)입니다.

프리스틀리는 목사의 신분으로 예배가 없을 때는 늘 과학 실험에 열중했던 신기한 과학자였습니다. 그는 특히 기체에 관심이 많아 산소 기체를 처음으로 발견했으며, 이산화탄소 기체의 성질을 자세히 연구했지요.

그가 이산화탄소 기체를 발견하고 주로 연구한 장소가 어딘지 아나요? 양조장이었답니다. 성직자의 신분으로 술을 만드는 양조장에 드나든다는 것은 그리 떳떳한 일이 아니었기에, 프리스틀리는 주로 밤에 남의 눈을 피하여 양조장에 드나들며 연구를 했습니다. 그래서 마을 사람의 오해도 많이 샀지요. 생각해 보세요. 목사님이 밤에 몰래 양조장에 드나드니 사람들이 얼마나 이상하게 생각했겠어요?

그래서 마을 사람 중 한 사람이 양조장에서 일하던 사환 아이에게 도대체 목사님이 밤마다 양조장에서 무얼 하시느냐고 물어보기도 했답니다.

“별것 안 하세요. 목사님이 하시는 일이라고는 양초를 이용해 나뭇조각에 불을 붙인 다음 술통 가까이 가져가 보는 것밖에 없어요. 그러다 불이 꺼지면 다시 불을 붙여 술통으로 가져가는 일을 반복하지요."

당시 프리스틀리가 했던 것이 이산화탄소가 불을 꺼뜨리는 성질이 있다는 것을 확인하기 위해 했던 촛불 실험입니다.

그는 거기서 한발 더 나아가 양조장의 술이 발효될 때 발생하는 이산화탄소 기체를 물에 녹이려는 시도를 했습니다. 그건 피어몬트수를 직접 만들어 보고자 한 것이었습니다. 왜냐하면 당시 의사들은 독일의 피어몬트 마을에서 나오던 천연의 광천수인 피어몬트수를 환자들에게 약으로 처방하는 경우가 많았거든요.

피어몬트수는 거품을 내뿜는 천연 탄산수의 일종이었는데, 이를 본 프리스틀리가 이산화탄소를 물에 녹이면 비슷한 음료가 되겠다고 생각한 것입니다. 그는 촛불 실험을 통해 이산화탄소가 공기보다 무거워서 아래쪽으로 가라앉는다는 것을 알아냈기 때문에 아주 간단한 방법으로 이산화탄소를 물에 녹였습니다.

그 방법은 다음과 같습니다.

먼저 컵 2개를 준비해서 한쪽에는 물을 가득 채우고 다른 한쪽은 비워 두었습니다. 그러고는 빈 컵을 발효 중인 술의 표면에 될 수 있는 한 가까이에서 들고, 물이 든 컵은 액면에

서 30cm 정도의 높이로 들고서 물을 빈 컵에 부었습니다. 물이 떨어질 때 이산화탄소 층을 통과하기 때문에 약간의 이산화탄소 기체가 녹아들어가게 됩니다. 이 과정을 여러 번 반복하면 물에 제법 많은 이산화탄소 기체가 녹게 되지요.

이렇게 해서 만든 탄산수는 품질이 좋은 피어몬트수와 거의 구별이 안 될 정도로 품질이 좋았습니다. 성공한 그는 짜릿한 맛에 상쾌함을 느꼈고 언젠가는 이 음료수가 사람들의 기분을 좋아지게 할 거라고 예언했습니다. 프리스틀리의 예언은 적중했지요.

폼산(개미산)

베르나르 베르베르의 소설 《개미》에는 스펙터클하게 펼쳐지는 개미들의 전투 장면이 인상적입니다. 벨로캉 개미들과 난쟁이 개미들 사이에서 벌어지는 전쟁에서 벨로캉 개미들은 배에서 어떤 액체를 발사하면서 난쟁이 개미 떼를 공격하지요.

이 독물이 바로 폼산(개미산)입니다. 혹시 개미를 먹어 본 사람이 있는지 모르겠어요? 아마 거의 없겠지만, 먹어 본 사람들의 말을 들어 보면 신맛이 난다고 합니다. 개미의 항문 부근에서 폼산이 분비되기 때문이지요. 개미한테서 나오는 산을 폼산이라고 부르는 이유는 라틴 어로 개미가 'formica' 이기 때문입니다.

폼산은 1670년 피셔라는 과학자가 개미들을 솥에 넣고 삶아 증류하여 처음으로 얻었는데, 아세트산보다 산성이 훨씬 강해서 피부에 묻으면 물집이 생길 정도입니다. 그렇다고 이걸 확인하기 위해 개미를 일부러 먹어 보지는 마세요. 위험할 뿐만 아니라 개미가 불쌍하니까요.

산성비에 관하여

요즘 들어 산과 관련해서 사람들의 입에 부쩍 오르내리는 것은 아마도 산성비일 겁니다. 금속으로 된 구조물을 부식시키고, 탄산염 성분으로 된 석회암, 대리석 등의 유물을 녹이기 때문에 심각한 환경 오염 원인으로 꼽히고 있는 것이죠. 석회암으로 만든 콘크리트나 철로 만든 다리가 녹아내리고, 나무들이 말라 죽는 것은 아마도 여러 사진들을 통해 충분히 보았을 겁니다. 그런데 여기에 더하여 산성비가 새들에게도

껍데기가 얇아 부서진 새알

피해를 입힌다는 사실이 밝혀졌습니다.

1989년 네덜란드에서는 숲에 사는 박새들이 껍데기가 얇고 구멍이 난 알을 낳는 현상이 발견되었습니다. 새알이 왜 그렇게 되었는지 연구하던 과학자들은 숲에서 지렁이가 사라져 버린 것이 원인이라는 사실을 밝혀냈습니다.

새들은 껍데기를 만드는 데 필요한 칼슘 성분을 지렁이로부터 얻는데, 그 지렁이들이 모두 사라졌기 때문에 껍데기가 얇은 알을 낳았던 것이지요. 숲에 살던 지렁이들이 모두 사라진 원인을 추적하던 과학자들은 칼슘 성분의 부족이 그 원인이라는 것을 알게 되었습니다.

정상적인 숲의 토양에는 보통 1kg당 칼슘 성분이 5~10g 포함되어 있는데, 이 숲에는 0.3g 정도밖에 없었던 겁니다. 이것은 지렁이가 살기에는 너무나 적은 양이었고 그로 인해 지렁이가 사라지게 된 것입니다. 토양 속의 칼슘 양이 이렇게 적어진 것은 황산 성분을 포함하는 산성비 때문인 것으로 판명되었습니다.

토양의 대부분은 칼슘 이온(Ca^{2+})을 포함한 이온층으로 둘러싸인 점토 입자들을 가지고 있는데, 황산의 수소 이온이 대신 그 자리를 차지하고, 그 결과 생겨난 황산칼슘($CaSO_4$)은 물에 녹지 않으므로 흙에서 순환되지 못하고 흘러가 버렸기

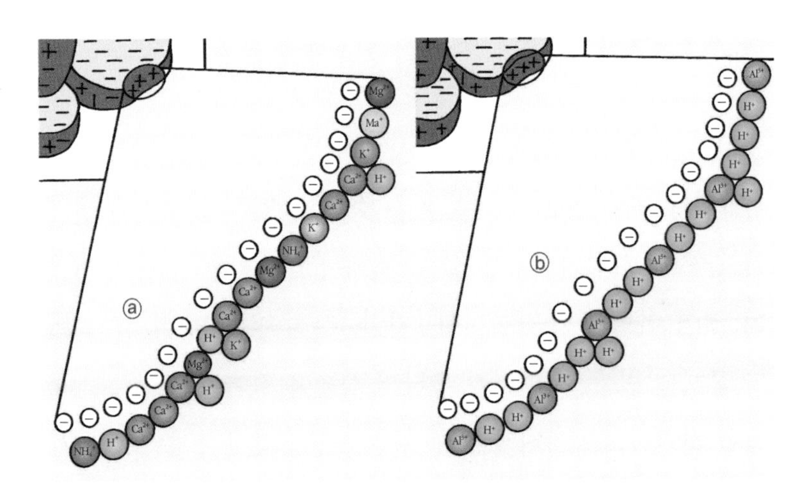

ⓐ **정상 토양**: (–)전하를 띠고 있는 점토 입자에 금속 양이온(Ca^{2+}, Mg^{2+} 등)이 달라붙어 있다.
ⓑ **산성 토양**: 수소 이온이 금속 이온을 대신하였고, 게다가 해로운 알루미늄 이온까지 만들어졌다.

때문이었던 것이죠.

이처럼 산성비는 식물이나 암석, 금속뿐만 아니라 새들에게도 영향을 미치고 있습니다. 새삼스레 환경 오염이라는 것이 단순한 문제가 아니라는 생각이 드시죠?

산성비 이야기가 나온 김에 한 가지 더 짚고 넘어갈 것이 있습니다. 산성비를 맞으면 대머리가 된다는 말 많이 들었지요? 이게 사실일까요? 산성비와 대머리를 연관짓는 것은 한국 특유의 속설입니다.

물론, 산성이 매우 강한 비를 머리에 직접 맞으면 머리카락에 매우 안 좋은 것은 사실입니다. 하지만 일반적인 산성비라고 했을 때 유독 머리카락에만 피해를 준다는 것은 별다른 근거가 없습니다. 상관관계가 명확하게 규명된 적도 없고요.

그런데 이런 속설이 널리 퍼진 것은, 아마도 산성비가 몸에 안 좋으니 조심하라는 말을 강조해서 전달하다 보니 그렇게 된 것이 아닐까 생각합니다. 만약, 산성 용액이 머리카락에 안 좋다면 비누로 머리 감고 나서 식초를 떨어뜨린 물로 헹구라고 하면 안 되는 거잖아요?

과학자의 비밀노트

치아를 부식시키는 산

치아의 에나멜질에는 히드록시인산칼슘의 일종인 히드록시아파타이트(hydroxyapatite)라는 광물이 들어 있다. PO^{3-}와 OH^{-}가 H^{+}와 반응하므로, 이 광물은 산에 녹는다.

$Ca_{10}(PO_4)_6(OH)_2 + 14H^{+} \rightarrow 10Ca^{2+} + 6H_2PO_4^{-} + 2H_2O$

치아에 붙어 부식을 일으키는 박테리아는 설탕의 대사 작용으로부터 젖산을 만들어 낸다. 젖산은 치아 표면의 산성도를 더 강하게 만드는데, 이러한 환경에 히드록시아파타이트가 녹아 치아 부식이 일어난다.

이때 치약의 주요 성분인 플루오린화 이온은 히드록시아파타이트보다 잘 녹지 않으며 산에 강한 플루오르아파타이트(fluorapatite) $Ca_{10}(PO_2)_6F_2$를 형성하여 치아 부식을 막는다.

만화로 본문 읽기

우아, 비 온다.
어? 우리 엄마가 산성비 맞으면 대머리 된다고 그랬는데….
저기 가게 앞에서 비를 피하지요.

선생님, 산성비를 맞으면 정말 대머리가 되나요?
산성이 강한 비를 머리에 직접 맞으면 좋지 않은 건 사실이지만 대머리가 된다는 속설은 아직 밝혀지지 않았어요.
빵

아마도 산성비가 몸에 좋지 않으니 조심하라는 뜻으로 그런 속설이 생겨난 것 같아요.
휴~, 다행이다.

그런데 산성비는 자연에 어떤 피해를 주나요?
금속으로 된 구조물을 부식시키고, 탄산염 성분의 석회암, 대리석으로 만들어진 유물도 녹인답니다.

또 산성비 때문에 토양 속의 칼슘 양이 적어져서 지렁이와 같은 생명체가 살기 힘들어지기도 해요.
산성비로 생명까지 위협받다니….
흙 속에 칼슘이 적어졌어.
그게 다 산성비 때문이야!

그리고 칼슘 성분을 지렁이로부터 얻던 박새들이 칼슘을 얻지 못해서 껍데기가 얇고 구멍이 난 알을 낳는 일까지 벌어질 수 있지요.
새삼스레 환경 오염 문제의 심각성을 깨닫게 되네요.
나도!

다섯 번째 수업 5

염기라는 것

우리가 알고 있는 '알칼리'는 염기와 어떻게 다를까요?
염기의 특징과 몇 가지 염기들에 대해 알아봅시다.

5

다섯 번째 수업

염기라는 것

교.과.연.계.		
	고등 과학 1	3. 물질
	고등 화학 Ⅰ	1. 우리 주변의 물질
	고등 화학 Ⅱ	3. 화학 반응

루이스는 염기에 대하여 다섯 번째 수업을 시작했다.

파이트 클럽

■ 감독: 데이비드 핀처

■ 출연: 에드워드 노튼, 브래드 피트, 헬레나 본햄 카터

■ 줄거리

자동차 회사의 리콜 심사관으로 일하는 주인공(에드워드 노튼 분)은 스웨덴 산 고급 가구로 집 안을 치장하고 유명 브랜드 옷만을 고집하지만 일상의 무료함과 공허함 속에서 늘 새로운 탈출을

꿈꾼다. 그는 출장길 비행기 안에서 독특한 친구 타일러 더든(브래드 피트 분)을 만난다. 집에 돌아온 주인공은 자신의 고급 아파트가 누군가에 의해 폭파되어 있음을 발견하고 무기력해진다. 갈 곳이 없어진 주인공은 타일러에게 전화하여 도움을 청한다.

이때부터 주인공은 공장 지대에 버려진 건물 안에서 타일러와 함께 생활하게 된다. 타일러는 낮에는 자고 밤에는 극장 영사 기사와 웨이터로 일하는데 틈틈이 고급 미용 비누를 만들어 백화점에 납품하기도 한다.

그러던 어느 날 밤 타일러는 사람은 싸워 봐야 진정한 자신을 알 수 있다며 자신을 때려 달라고 부탁한다. 이때부터 두 사람은 서로를 가해하는 것에 재미를 붙이게 되고, 폭력으로 세상의 모든 더러운 것들을 정화시키겠다는 그들의 생각에 동조하는 사람들이 하나 둘씩 늘어 가게 된다.

결국 이들은 매주 토요일 밤 술집 지하에서 맨주먹으로 일대일 격투를 벌이는 파이트 클럽이라는 비밀 조직을 결성하기에 이른다.

파이트 클럽의 명성은 엄청난 반향을 불러일으켜 대도시마다 지부가 설립되고 군대처럼 변해 간다. 자신의 의지와는 전혀 다른 방향으로 흘러가는 파이트 클럽을 보고 주인공은 당황하게 되고, 타일러가 갑자기 사라지자 타일러를 찾기 위해 각 도시를 헤매다가 엄청난 사실을 발견하게 된다.

타일러가 만들어 백화점에 납품하는 고급 미용 비누는 지방 제거 시술소의 쓰레기장에 있는 사람의 지방을 오일로 사용한다. 그는 비누를 만들면서 "글리세린을 걷어서 질산을 섞으면 니트로글리세린이 돼. 이걸 질산나트륨과 섞은 게 다이너마이트이지. 비누로 뭐든지 날릴 수 있어."라고 말한다. 그리고 사람을 제물로 태운 재가 양잿물이 돼서 빨래가 잘되었다고 말하며 주인공의 손등에 가성 소다를 들이붓는다.

타일러는 고통스러워하는 주인공의 손을 놓아 주지 않은 채 참으라고 한다. 손이 점점 타들어가는 주인공이 물을 부어 달라고 하자 "물이 닿으면 더 악화되거든. 식초를 부어야 하는 거야."라고 말한다.

그런데 가성 소다가 뭐기에 사람의 손이 타들어가고, 그걸로 비누를 만드는 걸까요?

염기의 가장 대표 주자라고 할 수 있는 것이 수산화나트륨(NaOH)입니다. 위에서 소개한 영화 〈파이트 클럽〉에서 언급된 가성 소다가 바로 이 물질이죠. 어르신들은 이 물질을 양잿물이라고도 부릅니다.

양잿물은 독성이 강하기 때문에 먹거나 피부에 닿으면 매우 위험합니다. 옛말에 '공짜라면 양잿물도 먹는다'는 말이 있지요? 오죽 공짜가 좋으면 독극물인 양잿물도 먹는다는 말이 생겼을까 싶네요. 양잿물이란 서양 잿물을 가리키는 말입니다. 식물이나 해초를 말려 태우면 재가 남는데, 그 재를 녹인 잿물이 주로 염기성을 띠거든요.

잿물은 빨래의 기름때와 반응하면 비누 성분으로 바뀌기 때문에 비누의 역할을 할 수 있습니다. 이런 성질을 가지고 있는 잿물 중 서양에서 온 것을 양잿물이라고 불렀고, 그것의 주성분이 수산화나트륨이었던 겁니다.

환경 보호를 몸으로 실천하는 사람들 중에 폐식용유로 비누를 만드는 사람들이 많은데, 그때 기름과 섞어 저어 주는 것이 바로 이 수산화나트륨입니다. 혹시라도 이런 방법으로 재생 비누를 만들려고 한다면 반드시 다음의 몇 가지 사항에 주의해야 합니다.

수산화나트륨을 물에 녹일 때는 금속 그릇을 사용하면 안 됩니다. 금속이 수산화나트륨과 반응하여 녹을 수 있거든요. 또, 수산화나트륨이 물에 녹을 때 자극성이 매우 강한 가스가 나오므로 반드시 환기가 잘되는 곳에서 하셔야 합니다. 마지막으로 가장 중요한 것으로, 기름과 수산화나트륨의 비율이 정확하게 맞아야 합니다. 혹시라도 수산화나트륨이 남으면 기름때는 뺄 수 있지만, 강한 염기는 우리의 피부 단백질도 녹이기 때문에 비누를 쓰다가 낭패를 볼 수도 있어요.

강염기성을 띠는 물질은 우리 피부에 직접 닿지 않게 주의하셔야 합니다. 강염기성 물질을 피부에 직접 대는 경우는 없다고 생각하겠지만, 실제로 그런 경우가 가끔 있습니다. 파마나 염색을 하는 경우이지요. 해 본 사람은 알겠지만, 파마나 염색을 자주 하면 머리가 많이 상합니다. 그건 파마약이나 염색약이 제법 강한 염기성 물질이기 때문이에요. 머리카락도 우리 피부와 마찬가지로 케라틴이라는 단백질로 이루어져 있거든요.

실제로 수산화나트륨 용액에 머리카락을 넣고 가열해 보면 머리카락이 부풀어 올랐다가 완전히 산산조각으로 갈라지면서 다 녹아 버리는 것을 볼 수 있습니다. 그러니 윤기가 흐르는 머릿결을 갖고 싶다면 잦은 파마와 염색을 피해야 한답니다.

이렇게 강염기성 물질이 단백질을 잘 녹이는 것에서 착안한 제품이 하수구가 막혔을 때 이용하는 하수구 오물 제거제입니다. 그것들의 주성분이 바로 수산화나트륨이에요. 욕실이나 세면대의 트랩을 막고 있는 머리카락들이 강염기성 용액에 녹아 막혔던 구멍이 뚫리게 되는 겁니다.

소다에 관하여

국자 속에서 노랗게 녹는 설탕, 갈색을 띠며 부풀어 오르는 그 달콤함. 뭘 말하는 건지 아시죠? '뽑기' 또는 '달고나' 라고 불리는 설탕 과자입니다. 단순히 설탕만을 녹였을 때와는 다른 맛이 나는데 이는 소다 때문입니다. 여기에서 소다의 역할은 설탕 과자를 부풀게 만들어 주는 것인데, 그 역할 이외에도 약간의 풍미를 더해 주기까지 하지요.

여기서 사용하는 소다라는 말은 무척 광범위합니다. 탄산나트륨염 계통의 물질을 통칭하는 것이죠. 이 중 뽑기에서 사용하는 소다는 탄산수소나트륨($NaHCO_3$)입니다. 약염기성을 띠기 때문에 먹을 수도 있고, 열분해되면서 탄산나트륨(Na_2CO_3)으로 변해 뽑기 특유의 쌉싸름한 뒷맛을 내기도

하지요. 이 탄산나트륨 역시 소다 또는 탄산소다라고 부릅니다.

지금은 너무나 흔해서 별로 귀하게 여기지 않지만 예전엔 이 소다가 인류의 수명을 변화시키기도 했을 정도로 귀중한 화합물이었답니다. 왜냐하면 탄산나트륨이 유리나 비누를 만드는 원료로 사용되었거든요.

프랑스에서는 이 소다가 나지 않아서 늘 스페인으로부터 해초의 재를 수입하고 있었습니다. 그런데 스페인에서 전쟁이 일어나자 해초의 재를 수입할 수가 없게 되었답니다. 위기에 처한 프랑스 과학 아카데미에서는 현상금을 걸고 소금으로부터 소다를 만들어 내는 방법을 모집하기에 이릅니다. 가격이 싼 소금으로부터 소다를 합성하는 방법을 찾고자 한 것이죠. 이를 찾아낸 사람이 르블랑(Nicolas Leblanc, 1742?~1806)이었습니다.

그는 먼저 소금(NaCl)과 황산(H_2SO_4)을 섞어 황산나트륨(Na_2SO_4)을 얻고, 그 황산니트륨에 숯(C)과 탄산칼슘($CaCO_3$)을 섞어 강하게 가열하여 탄산나트륨을 얻었습니다.

이렇게 해서 소다를 만드는 방법은 그의 이름을 따서 르블랑법이라 불리게 되었으며, 그는 파리 근교에 소다 공장을 세우고 대량 생산을 하려고 했습니다. 돈방석에 올라앉는 일

만 남았던 거지요. 그런데 그때 프랑스 대혁명이 일어납니다. 혁명 정부는 그의 공장을 빼앗았고, 절망에 빠진 그는 자살을 하고 말았습니다.

이후 르블랑법은 영국에 건너가서 꽃을 피우게 되었고, 결과적으로 소다를 필요로 하던 목면 직물 공업, 유리 공업, 비누 공업 등을 크게 발전시켰습니다. 그 결과 비누와 유리 값도 많이 내려서 이전엔 귀중품으로 취급되었던 이 물건들이 일반 서민들에게 널리 보급되게 된 것이지요.

특히 비누의 값은 엄청나게 떨어져, 약국에서 의약품으로 비싸게 팔리던 비누가 일반 서민들도 쉽게 구할 수 있을 정도로 값이 내려갔습니다. 그들이 비누로 손을 씻을 수 있게 되자 더러운 손을 통해 감염되던 이질, 장티푸스와 같은 전염병들이 크게 줄어들어 당시 유럽 사람들의 수명이 더 늘어났다고 합니다. 이쯤 되면 르블랑에게 고맙다는 생각이 들지요?

석회수란?

이산화탄소를 검출하는 시약으로 유명한 것이 석회수입니다. 석회를 녹인 물이라는 뜻인데, 여기서 석회란 일반적으로 소석회 즉 수산화칼슘($Ca(OH)_2$)을 가리킵니다. 따라서 석회수란 수산화칼슘을 물에 녹인 용액을 말하는 것입니다.

그런데 석회에는 생석회도 있습니다. 산화칼슘(CaO)이 주성분인데, 물에 녹으면 수산화칼슘이 되는 물질이죠. 물에 녹을 때 열이 엄청나게 많이 발생하기 때문에 달걀 프라이도 해 먹을 수 있을 정도랍니다.

이 소석회 가루에 모래를 섞으면 벽돌을 만들 수 있는데, 이것으로 지어진 유적 중에 가장 유명한 것이 만리장성입니다. 진시황 때부터 지어지기 시작했던 거대한 성으로 유네스코 지정 세계문화유산 중의 하나이지요.

실험실에서 이산화탄소 기체를 검출할 때 쓰는 석회수는 수산화칼슘의 포화 수용액입니다. 수산화칼슘은 물에 잘 안 녹기 때문에 물에 넣고 한참을 기다렸다가 윗물만 따라서 쓰

석회 모르타르 벽돌로 지어진 만리장성

는데, 그 용액이 강염기성입니다.

세 번째 수업에서 산의 세기에 대해 공부한 것 기억나지요? 산의 세기는 이온화도에 의해 결정된다고 했었지요. 수산화칼슘은 물에 대한 용해도가 작은 대신 일단 녹으면 거의 다 갈라져서 이온화되기 때문에 강염기에 속합니다. 따라서 신체에 닿았을 때 해로울 수 있어요. 이런 석회수가 이산화탄소를 검출하는 데 쓰이는 것은, 이산화탄소가 칼슘 이온(Ca^{2+})과 반응해서 물에 녹지 않는 앙금 탄산칼슘($CaCO_3$)을 만들기 때문입니다. 미세한 앙금 때문에 용액이 뿌옇게 흐려져서 이산화탄소가 있다는 것을 확인할 수 있답니다.

이산화탄소와 관련된 염기는 꽤 많습니다. 이산화탄소 자체가 물에 녹으면 약산성을 띠는 산성 기체이기 때문에 이산화탄소를 제거하려고 할 때 염기를 쓰는 경우가 많아요. 특히 알칼리 금속 3총사인 리튬(Li), 나트륨(Na), 칼륨(K)의 이온들이 수산화 이온(OH^-)과 결합해서 만들어진 수산화리튬(LiOH), 수산화나트륨(NaOH), 수산화칼륨(KOH)은 이산화탄소를 매우 효과적으로 흡수하는 물질입니다.

밀폐된 공간에서 사람들이 계속 호흡을 하면 이산화탄소의 농도가 높아지는데, 그럴 때 위의 물질들을 사용하면 효과적으로 이산화탄소 기체를 제거할 수 있습니다.

알칼리란

염기와 알칼리는 자주 쓰이는 용어입니다. 둘 다 비슷한 성질을 갖는 물질을 가리키는 말이기도 하고요. 그래서 어떤 사람들은 두 말이 완전히 같은 뜻이라고 생각하는 사람들도 있습니다. 하지만 알칼리와 염기는 비슷하긴 하지만 완전히 같은 말은 아니에요. 알칼리는 염기 중에 특히 물에 잘 녹는 염기를 가리키는 말이거든요.

앞에서 보았던 염기들을 예로 들자면, 수산화나트륨(NaOH)이나 수산화칼륨(KOH) 등은 알칼리에 속하고, 수산화칼슘($Ca(OH)_2$)은 물에 잘 안 녹기 때문에 알칼리가 아니고 그냥 염기입니다. 알칼리성 이온 음료는 나트륨 이온(Na^+), 칼륨 이온(K^+)과 같은 알칼리 이온을 포함하고 있기 때문에 그런 이름이 붙은 것입니다.

알칼리(Alkali)라는 말은 옛날 아라비아인들이 식물의 재를 부르던 말입니다. 알(al)은 '물질', 칼리(kali)는 '재'라는 뜻이거든요. 이것이 그 후 일반화되면서 재로부터 추출된 물질과 비슷한 성질을 나타내는 물질을 모두 알칼리라고 부르게 된 것입니다.

그런데 언제부터인가 '알칼리'라는 말이 우리 주변에서 자

주 보이기 시작했습니다. 체질도 산성 · 알칼리성으로 나누어서 알칼리성 체질이 좋다고들 하고, 물도 알칼리수를 써야 건강에 좋다는 말을 많이 하지요.

우리 피부나 체액의 산성도는 매우 정교한 시스템에 의해 자동적으로 조절되고 있기 때문에, 어떤 문제가 생겨 몸이 산성화되면 좋지 않은 병에 걸릴 수 있는 것은 사실입니다. 그래서 알칼리수를 마시면 몸에 좋다고 선전을 하는 거지요.

알칼리수란 물이 염기성을 띠고 있다는 말입니다. 보통의 물을 알칼리수로 만든다는 장치들은 주로 전기 분해를 이용하는데, 물이 전기 분해될 때 (−)극 쪽에서 수소 이온이 환원되어 기체로 발생하면 남는 물은 염기성이 되는 것에서 착안한 것입니다. 그래서 알칼리성 전해 환원수라는 말을 쓰지요.

어떤 사람들에게는 이 염기성 물이 효과가 있을 수도 있습니다. 하지만 모든 사람들에게 무조건 다 좋은 것은 절대로 아닙니다. 특히 물의 염기성이 너무 강하면 오히려 매우 위험하지요. 사람들이 마시는 물의 산성도는 중성 내지 약알칼리성 정도가 가장 좋습니다.

알칼리라는 말은 건전지에서도 자주 쓰입니다. 일반 망간 전지와는 달리 전지 내부의 액체가 누출되는 경우가 적고, 비교적 수명이 길어 자주 사용되는 종류이지요.

망간 건전지는 수명이 짧고 전해질로 사용하는 염화암모늄(NH_4Cl)이 산성을 띠기 때문에 오랫동안 전자 제품 안에 넣어 두면 껍질이 부식되어 내부 액체가 흘러나오는 단점이 있었어요.

이러한 단점을 개선하는 차원에서 만들어진 것이 바로 알칼리 전지입니다. 전해질로 수산화칼륨(KOH)을 사용하기 때문에 알칼리 전지라는 이름으로 불리게 되었고, 아연 통을 사용하는 것이 아니라 아연을 가루로 사용하기 때문에 훨씬 더 안정적이고 화학 반응도 더 잘 일어납니다.

다만, 강염기성인 수산화칼륨(KOH)을 사용하기 때문에 절대로 분해하려고 시도하면 안 됩니다. 액체가 튀어나와서 눈이나 피부에 닿으면 실명하는 등의 위험이 있거든요.

이번 시간에는 염기의 특징과 몇 가지 염기들을 살펴보았습니다. 다음 시간에는 산성, 염기성의 척도인 pH에 대해 알아보겠습니다.

만화로 본문 읽기

어떡하지? 머리카락 때문에 하수구가 막혔나 봐.
걱정하지 마. 이럴 땐 오물 제거제로 뚫어 주면 된다고!
우아, 진짜 신기하게 뻥 뚫렸네. 어떻게 된 거지?
글쎄. 그것까진 모르겠는데….
그건 바로 오물 제거제의 주성분이 수산화나트륨이기 때문이에요.

즉, 욕실이나 세면대의 트랩을 막고 있던 머리카락들이 강염기성 용액에 녹아서 막혔던 구멍이 뚫리게 된 거예요.
수산화나트륨이 그렇게 센가요?
콸 콸 콸
대표적인 염기라고 할 만큼 강염기성 물질이지요. 폐식용유로 비누를 만들 때 기름과 섞어 주는 것이 바로 수산화나트륨이에요.
내일 학교에서 비누 만들기 실습하기로 했어요.
수산화 나트륨

비누를 만들 때 꼭 주의해야 할 사항이 있어요. 수산화나트륨을 물에 녹일 때 금속 그릇을 사용하면 안 된답니다.
그건 왜 그렇죠?
(×)
(O)
(금속)
(플라스틱)

금속이 수산화나트륨과 반응해서 녹을 수 있기 때문이죠. 또, 수산화나트륨이 물에 녹을 때 자극성이 강한 가스가 나오므로 환기가 잘되는 곳에서 해야 해요.
네, 꼭 주의할게요.

여섯 번째 수업 6

pH와 지시약

용액의 산성도를 숫자로 나타내는 까닭은 무엇일까요?
산성도를 알아내는 방법으로 어떤 것이 있을까요?

6

여섯 번째 수업

pH와 지시약

교. 과. 연. 계.	고등 과학 1 고등 화학 I 고등 화학 II	3. 물질 1. 우리 주변의 물질 3. 화학 반응

루이스가 애거사 크리스티의 소설에 대한 이야기로 여섯 번째 수업을 시작했다.

화요일 클럽의 살인 중 '푸른 제라늄의 비밀'

■ 지은이: 애거사 크리스티

■ 줄거리

늘 아프다고 불평하며 남편을 괴롭히기 일쑤인 프리처드 부인은 어느 날 간호사가 추천한 한 영매의 방문을 받고 공포에 질리고 만다. 그 영매가 "파란 앵초꽃은 경고, 파란 접시꽃은 위험, 그리고

제라늄

파란 제라늄은 죽음을 의미합니다." 라는 예언을 남기고 사라졌기 때문이다. 남편은 코웃음을 쳤지만, 실제로 보름달이 뜨는 밤이면 그녀 방 안의 벽지 속에 있는 앵초, 접시꽃의 색이 하나씩 파랗게 변하기 시작했고, 마침내 제라늄이 푸르게 변해 버린 날 프리처드 부인은 숨을 거둔다.

할머니 탐정인 미스 마플은 전직 간호사로서의 경험과 특유의 날카로운 추리력을 발휘하여 간호사 코플링이 범인이며, 그 이유는 간호사가 프리처드 씨를 사랑하게 되었기 때문임을 밝힌다. 그러자 사람들은 색깔이 변하는 꽃들에 대해 궁금해하며 미스 마플에게 질문을 던진다.

……(중략)……

제인 헬리어가 몸을 앞으로 내밀며 물었다.

"하지만 파란 제라늄과 그 밖의 꽃들은요?"

"간호사들은 항상 리트머스 시험지를 갖고 다니죠. 그렇죠?" 하고 미스 마플이 말했다.

"그러니까……, 시험을 해 보기 위해서, 그렇게 즐거운 이야기는 아니니까, 이 이야기는 길게 하지 않도록 합시다. 실은 나도 간호사 일을 조금 해 본 적이 있어요."

그녀는 살짝 얼굴을 붉혔다.

"파랑은 산을 가하면 빨강으로 변하고, 빨강은 알칼리를 가하면 파란색으로 변하지요. 빨강 꽃 위에다 빨강 리트머스 종이를 붙여 두는 것은 아주 쉬운 일이지요. 그렇게 되면, 그 가엾은 여자가 각성제를 사용할 때 강한 암모니아 가스가 그 꽃을 파랑으로 변화시키는 거예요.

정말 아주 기발한 착상이에요. 물론, 그 제라늄 꽃은 그들이 처음 그 방에 뛰어들었을 때는 파랑이 아니었어요. 나중까지 아무도 그것을 눈치채지 못했지요. 간호사는 병을 바꿔치는 잠시 동안 염화암모늄을 그 벽지에 갖다 대고 있었을 거예요, 아마."

"마치 거기 계셨던 것 같군요, 마플 여사."

헨리 경이 말했다.

……(후략)……

애거사 크리스티는 간호사였던 경력을 살려 자신의 화학적 지식을 집어넣은 추리 소설을 쓰기도 했습니다. 위의 소설에

서는 산성도에 따라 색이 달라지는 리트머스 시험지를 이용한 살인을 모티브(동기)로 삼았지요. 암모니아 기체를 쏘이면 붉은색 리트머스 시험지의 색이 푸르게 변하는 것을 이용하여 살인이 진행된 것입니다. 리트머스 시험지는 가장 오래된 지시약의 일종으로, 산성도에 따라 색깔이 달라집니다.

용액의 산성도를 숫자로 나타내려는 시도는 오래전부터 있어 왔습니다. 약산성 또는 강산성이라는 말보다는 산성도를 숫자로 나타내 주는 것이 좀 더 구체적인 표현이 될 테니까요. 과학자들이 선택한 산성도의 척도는 pH입니다. 이번 시간에는 생화학자에 의해 제안되어 전 세계적으로 널리 사용되고 있는 pH에 대해 알아보기로 합시다.

pH란

탄산이 들어 있는 사이다를 먹는 것은 별다른 해가 없으나 염산 용액을 먹는 것은 대단히 위험합니다. 두 물질은 모두 산이지만 이온화되는 정도가 달라 산성의 세기가 다르기 때문이지요. 마찬가지로 염기 또한 그 이온화되는 정도에 따라 강염기, 약염기로 나뉩니다. 그렇다면 이것을 숫자로 간단하게 표현할 수 있는 방법은 없을까요?

몇 가지 물질 수용액 중의 수소 이온 농도를 적어 보면 다음과 같습니다.

염산(HCl) 용액	1×10^{-1} M
증류수	1×10^{-7} M
수산화나트륨(NaOH) 용액	1×10^{-13} M

수소 이온 농도를 비교해 보면 염산 용액이 가장 높고, 수산화나트륨 용액이 가장 적습니다. 따라서 세 물질의 산성을 비교하면 염산 용액>증류수>수산화나트륨 용액 순입니다.

하지만 구체적으로 산성의 세기를 숫자로 표현하기는 쉽지 않습니다. 수소 이온 농도로 비교해야 하는데, 위에서 본 것처럼 수소 이온 농도 숫자는 너무 복잡하거든요. 이런 불편함을 없애기 위해 어떤 과학자가 pH라는 것을 처음으로 만들어 내기에 이릅니다.

그는 수소 이온 농도에 －log를 붙인 값을 pH로 정의하고, 이를 산성의 척도로 삼았습니다.

$$pH = -\log [H^+]$$

이 식으로 위 3가지 물질의 pH를 계산해 보면, 염산 용액은 1, 증류수는 7, 수산화나트륨 용액은 13이 됩니다. 훨씬 간편하지요? 덴마크의 생화학자였던 쇠렌센(Søren Peter Sørensen, 1868~1939)이 정의한 pH는 점차 여러 사람들에게 퍼져나가 산성도를 나타내는 좋은 척도로 사용되고 있습니다.

농부의 아들로 태어났던 쇠렌센은 처음엔 약학을 공부하였으나 곧 화학으로 분야를 바꾸었습니다. 화학 중에서도 생화학에 심취한 그는 아미노산, 단백질, 효소 등에 대한 공부를 시작했어요. 그는 이런 분야의 연구를 하던 중, 수소 이온 농도를 표현하는 간단한 방법을 고안해 내기에 이릅니다. 효소의 반응에 있어 수소 이온 농도는 핵심적인 역할을 하기 때문이었지요.

그가 고안한 척도가 바로 수소 이온 농도 값에 −log를 붙인 pH입니다. pH라는 말은 라틴 어로 'pondus hydrogenii'(영어로 'potential hydrogen')의 약자로 산성도가 수소 이온의 지배로 인해 생긴다는 의미입니다. 독일에서는 '페하'라고 읽기 때문에 예전엔 페하라고 읽기도 하였으나, 요즘엔 영어식으로 '피에이치'라고 읽습니다. 그리고 이 값은 오늘날 전 세계적으로 사용되고 있지요.

증류수는 산성도 염기성도 아닌 중성입니다. 따라서 증류수의 pH 값은 산성과 염기성을 나누는 기준이 되지요. 증류수의 pH 값을 알려면 증류수 속에 있는 수소 이온 농도를 알아야 합니다.

그런데, 과연 증류수 속에 수소 이온이 들어 있을까요? 물은 이온이 없어 전기를 통하지 못한다고 앞에서 배웠지요? 엄밀하게 말하면 이건 사실이 아닙니다. 증류수 속에는 이온이 있어요. 단지 매우 적기 때문에 전기를 통하지 못하는 것뿐입니다.

물속에 들어 있는 이온은 극소수의 물 분자들이 분해되어 만들어집니다. 물 1분자가 분해되면 수소 이온 1개와 수산화 이온 1개가 존재하는 것이죠.

$$H_2O \rightarrow H^+ + OH^-$$

이때 두 이온의 농도는 같기 때문에 액성은 중성이 됩니다. 그럼 물속에 존재하는 수소 이온의 농도는 얼마나 될까요? 학자들이 연구한 바에 따르면 수소 이온과 수산화 이온의 농도는 10^{-7} M입니다. 그럼 이 농도에 $-\log$를 붙이면 pH는 7이 되겠지요. 따라서 중성 용액의 pH는 7입니다.

그러면 용액이 산성이 되면 pH 값은 어떻게 될까요? 수소 이온 농도가 높아지면 −log 값은 작아집니다. 따라서 용액의 pH가 7보다 작으면 산성입니다. 그럼 pH 5와 pH 2 중 어느 쪽이 더 강한 산성일까요? 이제 대략 눈치챘겠지만, pH 2가 산성이 더 강합니다. 실제 예를 들어 설명해 보겠습니다.

레몬주스	1×10^{-3}M	pH=3
블랙커피	1×10^{-5}M	pH=5

레몬주스 속에 들어 있는 수소 이온 농도는 블랙커피에 비해 100배가 큽니다. pH로 비교하면 2만큼의 차이가 나지요. −log를 붙였기 때문에 pH가 1이 작아지면 수소 이온 농도는 10배 커집니다. 만약, 수소 이온 농도가 100배 커지면 pH는 2만큼 작아지게 되지요.

이렇게 pH 값을 비교할 수 있으려면 반드시 용매가 동일해야 합니다. 만약 다른 용매를 사용한 용액을 비교할 때는 pH 값을 그대로 쓸 수가 없어요. 왜냐하면 용매에 따라 중성일 때의 pH 값이 다르기 때문입니다.

예를 들어, 에탄올에 존재하는 수소 이온의 농도는 1.58×10^{-10} M이기 때문에 중성일 때의 pH는 7이 아닌 $-\log(1.58 \times$

10^{-10})=10−log1.58=9.8입니다. 그래서 pH가 8인 용액은 에탄올 내에서는 산성이지만, 물속에서는 염기성이 됩니다.

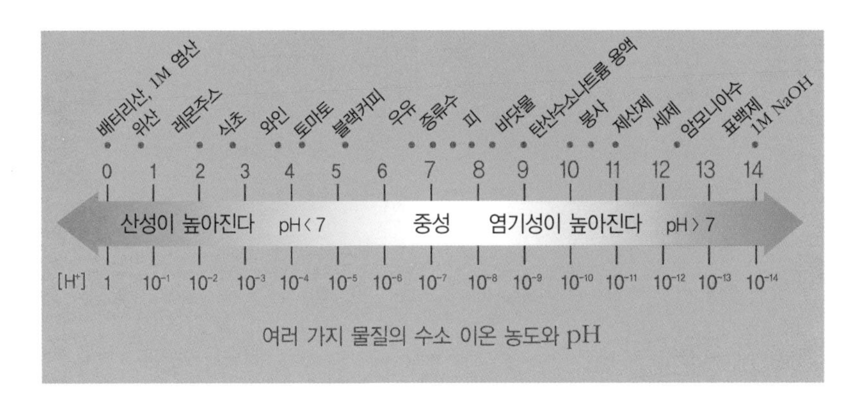

여러 가지 물질의 수소 이온 농도와 pH

pH 알아내기

우리 몸속에는 여러 가지 다양한 액체들이 들어 있습니다. 그리고 각 액체들이 적당한 pH를 유지할 때 우리는 건강한 삶을 누릴 수 있습니다. 예를 들어, 혈액의 정상 pH는 7.3~7.5 정도이며, 위액은 1.5~2.5 정도가 정상이에요.

우리의 몸뿐 아니라 물, 토양 등도 마찬가지입니다. 토양이 산성화되면 식물들이 살아갈 수 없으며, 물이 산성화되면 물고기들이 죽게 되지요. 따라서 pH를 측정하고 적절하게 유

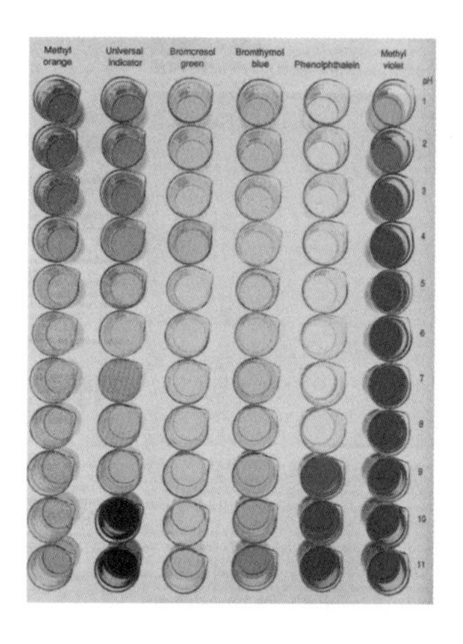

지하는 것은 건강 유지, 생태계 보존 등에 필수적인 일입니다.

그렇다면 용액의 pH를 알아낼 수 있는 방법은 무엇일까요? 여러 가지 방법이 있지만 그중 쉽고 간단한 것은 지시약을 사용하는 것입니다. 지시약이란 용액의 액성에 따라 색깔이 달라지는 물질을 말하는데, 페놀프탈레인과 같은 화학 지시약과 보라색 양배추즙과 같은 천연 지시약이 있습니다. 실험실에서 주로 사용하는 지시약은 리트머스, 페놀프탈레인, BTB, 메틸 레드 등이지요.

지시약	pH 변색 범위	산성 색	염기성 색
메틸 오렌지	3.1~4.4	빨강	노랑
브로모크레졸 그린	4.0~5.6	노랑	파랑
메틸 레드	4.4~6.2	빨강	노랑
페놀 레드	6.4~8.0	노랑	빨강
티몰 블루	8.0~9.6	노랑	파랑
페놀프탈레인	8.0~10.0	무색	빨강
티몰프탈레인	9.4~10.6	무색	파랑

자주 사용되는 여러 가지 지시약의 변색 범위와 그 색깔

붉은 장미와
암모니아 증기를
쏘인 보라 장미

또한, 보라색 양배추나 장미꽃에는 안토시아닌이라는 색소가 들어 있어 지시약의 역할을 할 수 있습니다.

그래서 보라색 양배추에 식초를 뿌리면 빨강으로 변하고, 붉은 장미에 암모니아 증기를 쐬면 파랑과 빨강이 합쳐져 남보라로 변하게 됩니다.

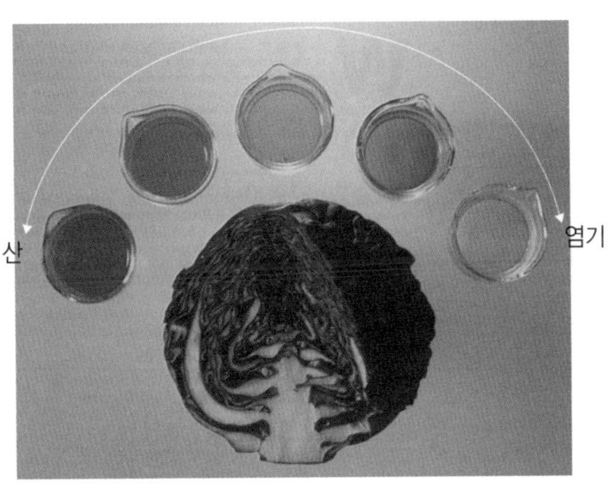

보라 양배추 추출액을 각 용액에 넣었을 때의 색깔 변화

이런 천연 지시약을 처음으로 알아낸 사람은 영국의 과학자 보일(Robert Boyle, 1627~1691)입니다. 이름이 친숙하다고요? 맞습니다. 기체의 부피는 압력에 반비례한다는 보일의 법칙을 만든 바로 그 과학자예요.

어느 날 보일은 실험실에서 황산을 얻기 위해 중금속의 황산염을 증류하고 있었는데, 받는 그릇에서 진한 연기가 나왔습니다. 증류가 다 끝난 후 보일은 내일 할 일을 정리하기 위해 실험대 위에 있는 바이올렛 다발을 들고 자기 서재로 가서 의자에 앉았습니다. 그때 그는 바이올렛 다발 쪽으로 그 연기가 날아가는 것을 보았답니다.

'아, 애처롭게도 산의 연기가 묻었군!'

보일

지시약 색소를 포함한 바이올렛

그는 꽃이 가엾게 여겨져 이 바이올렛을 씻어 주려고 물에 담가 두었습니다. 그리고 독서를 하다가 얼마 후 꽃을 보았더니 놀랍게도 보라였던 바이올렛이 빨갛게 되어 있었던 거예요. 여기에서 힌트를 얻은 보일은 바이올렛에 다른 산 용액을 떨어뜨려 보았는데, 역시나 빨갛게 되는 것을 보았습니다.

'이건 참으로 중대한 일이다. 이제 우리는 어떤 용액이 산인지 아닌지를 곧 결정할 수 있게 되었다.'

보일은 꽃잎의 추출액으로도 실험을 해 보았는데, 그 결과 추출액에서도 같은 변화가 일어나는 것을 관찰했습니다.

이후 보일은 여러 가지 약초, 튤립, 재스민, 배꽃, 리트머스 이끼 등의 추출액을 만들어 실험해 보았고, 그 결과 여러 가지 식물이 천연 지시약 성분을 가지고 있음을 알아냈습니다. 우연한 관찰이 과학적 발견으로 이어진 예입니다. 파스퇴르가 그랬다지요? '우연은 준비된 마음을 선호한다'고요.

요즘엔 지시약을 여러 가지 섞은 만능 지시약을 종이에 적셔 말린 pH 종이를 사용해서 pH를 측정하기도 합니다. 조금 더 발전해서 pH를 직접 숫자로 확인할 수 있는 pH 미터를 쓰기도 합니다. 세상 많이 좋아졌지요?

만화로 본문 읽기

토양이 산성화되면 식물들이 살아갈 수 없고, 물이 산성화되면 물고기들이 죽게 돼. 그래서 pH를 적정하게 유지해야 해.
그렇구나. 그런데 용액의 pH를 어떻게 알아내지?

지시약 | 변색 pH | 산성 색 | 염기성 색
메틸 오렌지 | 3.1~4.4 | 빨강 | 노랑
페놀 레드 | 6.4~8.0 | 노랑 | 빨강
티몰 블루 | 8.0~9.6 | 노랑 | 파랑
지시약을 이용하는 방법이 있어요. 즉 페놀프탈레인과 같은 화학 지시약과 보라색 양배추즙과 같은 천연 지시약을 이용하는 거지요.
지시약은 뭔가요?

지시약이란 용액의 성질에 따라 색깔이 달라지는 물질이에요. 보라색 양배추나 장미에는 안토시아닌이라는 색소가 있어서 지시약의 역할을 할 수 있지요.
그렇군요.
우린 안토시아닌 덕분에 이렇게 예쁜 색을 띤단다.

그래서 보라색 양배추에 식초를 뿌리면 빨간색으로, 붉은 장미에 암모니아 증기를 쐬면 남보라색으로 변하게 돼요.
천연 지시약을 처음으로 알아낸 사람은 누군가요?
식초
암모니아

보일의 법칙을 만든 보일이에요. 그는 황산염을 증류하던 중 보라색의 바이올렛꽃이 빨갛게 변한 것을 보고 힌트를 얻었어요.
보일의 법칙?
기체의 부피는 압력에 반비례한다는 법칙이야.

이후 보일은 여러 가지 식물을 가지고 실험했고, 그 결과 여러 천연 지시약을 발견할 수 있었지요.
우연한 관찰이 과학적 발견으로 이어진 것이군요.
나도 열심히 관찰해야지~!

일곱 번째 수업

7

산과 염기가 만나면

과일 주스, 탄산음료, 알칼리성 이온 음료도 모두 산성인데,
날마다 이런 액체를 마시면 우리 몸도 산성화되지 않을까요?

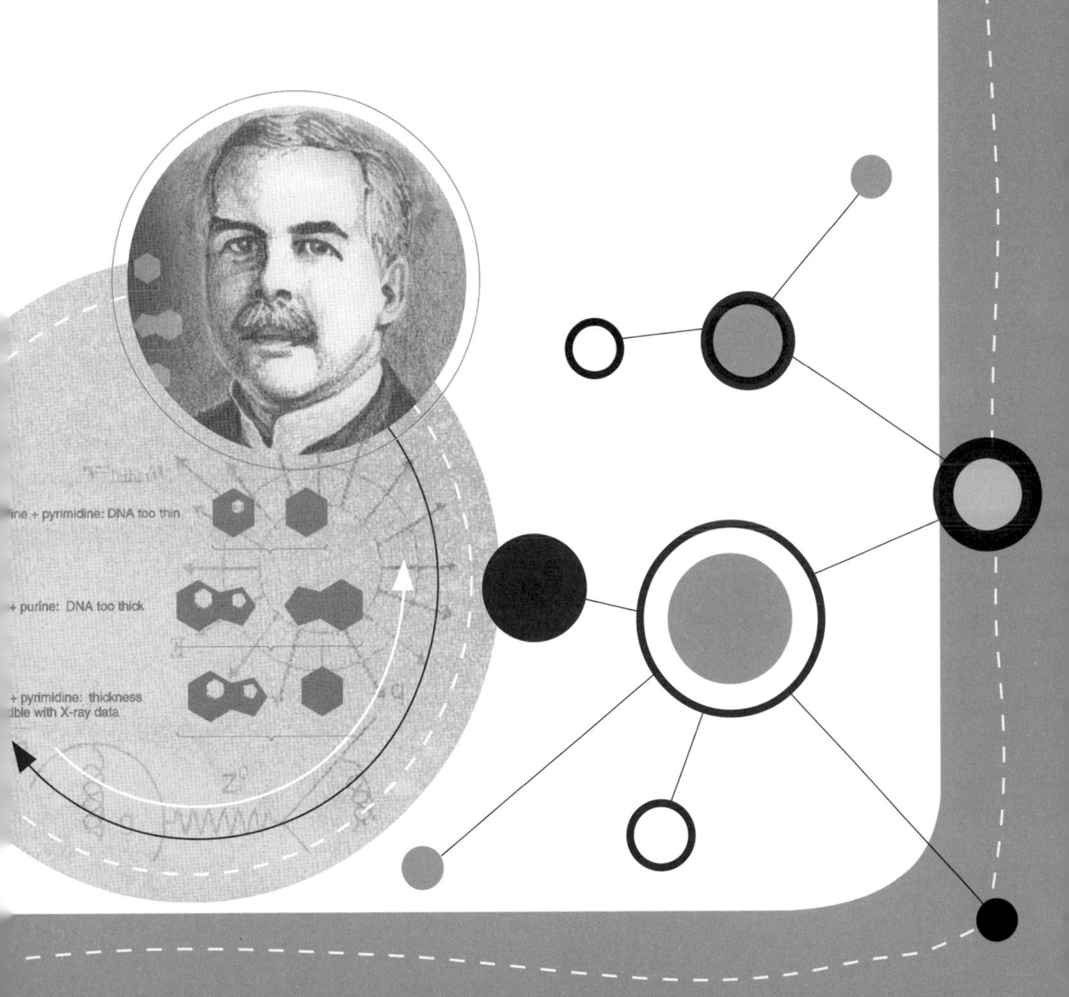

7

일곱 번째 수업

산과 염기가 만나면

교.과.연.계.		
	고등 과학 1	3. 물질
	고등 화학 I	1. 우리 주변의 물질
	고등 화학 II	3. 화학 반응

루이스가 중화 반응에 대해 알아 보자며 일곱 번째 수업을 시작했다.

아폴로 13

■ 감독: 론 하워드

■ 출연: 톰 행크스, 케빈 베이컨, 애드 해리스 등

■ 줄거리

3번의 우주 비행을 해낸 노련한 42세의 우주 비행사 짐 러블(톰 행크스 분)은 동료 닐 암스트롱의 역사적인 달 착륙 장면을 TV로 지켜보며 달 탐사의 꿈을 다시 한 번 가슴에 새긴다. 그러던 어느

날 그에게 6개월 후에 발사될 아폴로 13호의 선장으로 교체 투입되는 기회가 온다. 선장 짐 러블을 비롯한 2명의 조종사들은 6개월 동안 고통스러운 훈련을 감내하며 달에 갈 그날만을 손꼽아 기다린다.

그러나 발사 이틀을 남기고 예비 탑승팀에 홍역 환자가 발생해 아직 홍역을 앓지 않은 켄이 전염됐을지도 모른다는 이유로 팀에서 제외되고, 대신 신참내기인 잭 스와이거트(케빈 베이컨 분)가 사령선 조종사로 팀에 새로 합류한다.

드디어 발사일, 새턴 5호 로켓에 실린 아폴로 13호가 어마어마한 화염을 일으키며 하늘로 솟아오른다. 그러나 달 착륙선과 도킹까지 무사히 마친 비행사들이 달 궤도 진입에 앞서 휴식을 취하려는 순간, 난데없는 폭음과 함께 우주선이 요동하기 시작한다. 산소 탱크 안의 코일이 전기 합선으로 감전을 일으켜 폭발한 것이다.

냉철하고 철저하기로 소문난 휴스턴 비행관제센터의 진 크란츠(애드 해리스 분) 관제 본부장은 휘하의 기술진을 몰아치고 독려하며 신속히 사태 수습에 나선다. 크란츠는 폭발로 기계선 엔진이 손상됐을지도 모른다는 가정 하에 '즉시 회항' 대신 달 인력을 이용해 우주선이 달 궤도를 돌고 나온 후 착륙선 엔진을 작동시켜 귀환길에 오르게 한다는 '자유 순환 궤도' 방법을 택한다. 그 과정에서 조종사들은 위기를 맞게 되는데…….

우주선의 사용 전력을 줄이고자 웬만한 기계들을 전부 끄고 추위와 두려움에 시달리던 조종사들에게 여러 가지 위기가 닥친다. 그중의 하나는 착륙선 내부의 이산화탄소 농도였다. 숨 쉴 때마다 늘어나는 이산화탄소가 조종사들의 의식을 잃게 만든 것이다. 사령선에는 공기 정화 물질이 든 깡통이 있지만, 이들이 대피한 달 착륙선에는 부족하였다. 하지만 위기는 지혜를 낳아, 그들은 관제 본부가 일러 주는 대로 응급 공기 정화기를 만들어 기내의 이산화탄소 압력을 줄이는 데 성공한다.

그런데 이산화탄소를 정화해 주는 깡통 속에는 뭐가 들어 있는 걸까요?

지난 시간까지 우리는 산과 염기, pH에 관한 내용들을 살펴보았습니다.

수소 이온을 포함하고 있는 산과 수산화 이온을 포함하고

있는 염기가 만나면 어떤 일이 일어날까요? 수소 이온과 수산화 이온이 만나서 물(H_2O)이 만들어집니다. 이렇게 산과 염기가 만나 물이 만들어지는 반응을 중화 반응이라고 합니다.

중화 반응은 우리가 세상을 살아가면서 제법 자주 볼 수 있답니다. 앞에서 보았던 영화 〈아폴로 13〉에서 이산화탄소 기체를 제거해 주는 깡통도 중화 반응을 이용한 것입니다. 깡통 안에는 수산화리튬(LiOH)이 들어 있거든요. 수산화리튬은 화학식으로 짐작할 수 있듯이 염기입니다. 수산화나트륨이나 수산화칼륨과 형제지간쯤 되지요.

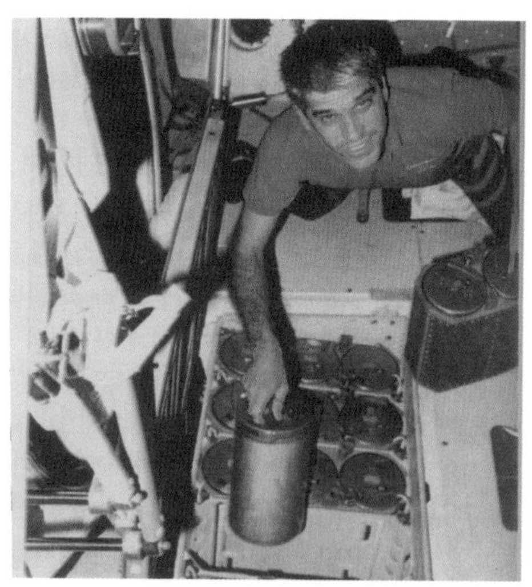

수산화리튬 깡통을 교체하는 우주 비행사

이런 염기성 물질이 이산화탄소를 제거할 수 있는 것은 이산화탄소가 산성 기체이기 때문입니다. 이산화탄소는 물에 녹으면 탄산이 된다고 전에 배웠죠? 그래서 산성인 이산화탄소는 수산화리튬과 다음과 같이 반응한답니다.

$$CO_2 + 2LiOH \rightarrow H_2O + Li_2CO_3$$

위의 반응식에 따라 이산화탄소가 제거되면 달 착륙선 내부의 이산화탄소 농도는 급격히 떨어져서 비행사들은 무사히 생존할 수 있게 되는 겁니다. 새삼스레 중화 반응이라는 것이 대단해 보이지 않나요?

중화 반응을 이용하는 예는 이것 말고도 매우 많습니다. 예를 들어, 생선회를 먹을 때 항상 함께 나오는 레몬을 생각해 봅시다. 레몬에는 시트르산이 들어 있어서 산성을 나타냅니다. 이런 레몬을 생선회에 함께 내는 이유는 비린내를 없애 줍니다.

싱싱한 생선은 거의 비린내가 나지 않아요. 하지만 조금만 시간이 지나 신선도가 떨어지면 비린내가 나기 시작합니다. 단백질 부패 현상의 일종이지요. 비린내의 원인 물질은 아민

계통에 속하는데, 아민은 염기성을 띱니다. 따라서 산성인 레몬즙을 떨어뜨리면 비린내를 없앨 수 있습니다.

또 속이 쓰릴 때 먹는 위장약이나 제산제들도 중화 반응을 이용합니다. 위산 때문에 위벽이 손상되어 속쓰림이 생기는 것이니 약한 염기를 써서 위산을 중화시키는 것이지요. 제산제에 주로 사용되는 약염기는 수산화알루미늄($Al(OH)_3$)이나 수산화마그네슘($Mg(OH)_2$)입니다. 두 물질 모두 수산화 이온을 가지고 있어 위산을 중화시킵니다.

중화점 찾기

모든 산과 염기가 완전히 중화되는 시점을 아는 것은 상당히 중요합니다. 왜냐하면 산 또는 염기는 그 자체가 해로운 물질인 경우가 많거든요. 그래서 산과 염기가 중화될 때 어느 한쪽이 남는 것은 좀 곤란한 문제를 발생시킬 수 있습니다. 위험한 강산이 대량으로 방출되는 사고 같은 경우입니다. 우리나라에서도 가끔씩 염산을 싣고 가던 탱크로리가 고속도로에서 전복되어 염산이 쏟아지는 사고가 납니다.

이렇게 강산이 쏟아지면 매우 난감하지요. 소량일 경우에는 모래를 뿌리는 정도의 방제로도 가능하지만, 대량일 경우 반드시 중화를 해 주어야 합니다. 그렇지 않으면 근처에 사는 사람들이나 식물, 동물들이 큰 피해를 입을 수 있거든요. 이럴 때 어떤 염기를 얼마만큼 뿌려 주어야 하는지를 결정하려면 중화 반응에 대해 잘 알고 있어야겠지요.

대개 염산과 같은 강산일 경우 휘발성이 없는 고체 상태의 약염기를 사용해서 중화를 시킵니다. 미국에서 발생했던 질산 유출 사고 당시 사용된 염기는 탄산나트륨(Na_2CO_3)이었어요.

산이 모두 중화되었는지를 알아보려면 어떻게 해야 할까요? 중화 반응은 이온 사이의 반응으로 보면 수소 이온과 수산화 이온이 만나 물을 만드는 것입니다. 이때 수소 이온, 수산화 이온이 모두 물로 변해 중성이 된 시점을 중화점이라고 합니다. 중화가 일어나면 수소 이온이나 수산화 이온의 농도가 달라지기 때문에 용액의 pH가 변화하게 됩니다.

따라서 중화가 일어났는지를 알아내는 가장 간단한 방법은 지시약을 사용하는 것입니다. 염산 용액에 BTB 지시약을 떨어뜨리면 노랑을 띠게 됩니다. 여기에 수산화나트륨 용액을 넣으면 점차 용액의 pH가 커져서 중화점에 도달하게 되지요. 완전히 중화가 일어난 시점에 용액의 pH는 7이 되기 때

문에, BTB의 색깔은 초록을 띠게 됩니다.

이렇게 지시약을 쓰면 중화점을 알아낼 수 있답니다. 물론, 용액의 pH 변화를 직접 측정해서 알아낼 수도 있어요. 다만 중고등학교에서는 pH 미터보다는 지시약을 더 많이 사용합니다.

두 번째 방법은, 용액의 온도 변화를 측정하는 것입니다. 이것은 중화 반응이 발열 반응임을 이용한 방법입니다. 발열 반응이 뭔지 잘 모르신다고요? 화학 변화가 일어날 때 열이 발생해서 주위가 따뜻해지는 반응을 가리킵니다. 연소, 호흡, 중화 반응 등은 모두 발열 반응이에요. 그래서 중화가 가장 많이 일어난 중화점에서 용액의 온도는 최고점을 나타냅니다. 그러니 중화점을 알고 싶으면 산과 염기 용액을 섞어가면서 온도 변화를 측정해 보면 됩니다.

세 번째 방법은, 전류의 세기를 측정하는 것입니다. 중화 반응이 일어나면 활동도가 큰 수소 이온이나 수산화 이온이 줄어들기 때문에 중화점에서 전류의 세기는 최소가 됩니다. 따라서 용액을 떨어뜨리면서 전류의 세기를 측정하면 중화점을 찾아낼 수 있습니다.

중화 반응은 여러 가지 용도로 사용됩니다. 농도를 모르는 산 용액의 농도를 알아내는 데도 중화 반응을 이용할 수 있습

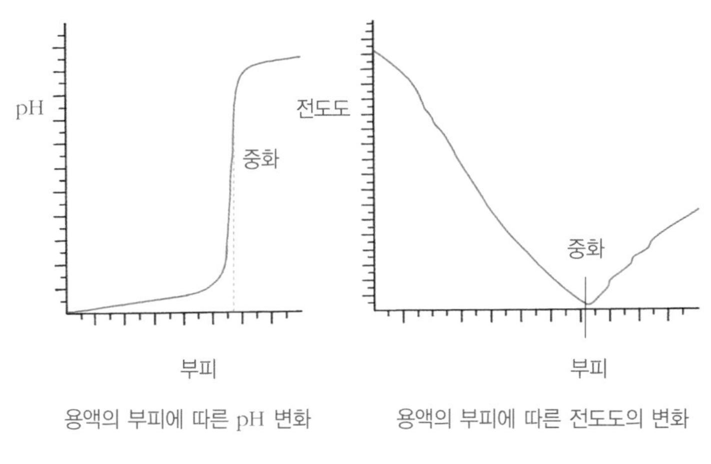

중화 적정 곡선

니다. 농도를 정확하게 알고 있는 염기를 사용해서 중화시키면, 소모된 염기 용액의 농도와 부피로부터 산 용액의 농도를 알게 되는 거지요. 이런 방식으로 미지 용액의 농도를 알아내는 방법은 중화 적정이라고 합니다. 아마 여러분이 대학교에 가면 중화 적정 실험을 자주 하게 될 거예요.

완충 용액이란?

식초를 자꾸 마시면 우리의 혈액이나 체액은 어떻게 될까요? 과일 주스, 탄산음료, 알칼리성 이온 음료 등도 모두 산

성인데, 날마다 이런 산성 액체를 마시면 우리 몸도 산성화 되지 않을까요?

다행히도 우리 몸속에는 어느 정도의 산이나 염기가 들어와도 몸의 pH가 일정하게 유지되는 자동 시스템이 작동하고 있답니다. 만약 우리 몸의 pH가 쉽게 달라진다면 우리는 생명을 유지하기가 매우 어려울 것입니다. 우리 몸속의 수소 이온 농도가 조금이라도 달라지면 정상적인 세포 기능에 매우 큰 영향을 미치게 되거든요.

따라서 생존이 가능한 pH 범위는 매우 좁답니다. 예를 들어, 동맥의 혈액 pH는 정상 수치가 7.45인데, 만약 몇 초 동안만이라도 6.8 미만으로 떨어지거나 8 이상이 되면 곧바로 죽음에 이르게 된답니다. 그 정도까지는 아니더라도 pH가 약간만 높아지면 중추 신경계가 위축되고, 낮아지면 과잉 흥분이 일어나게 됩니다.

우리 몸속에서는 신진 대사 반응의 부산물로 탄산, 황산, 인산, 락트산 등과 같은 다양한 유기산들이 끊임없이 만들어지고 있습니다. 이 산들은 체내의 액체 속에 녹아 들어가는데, 이런 산들로부터 나오는 수소 이온들은 방출되자마자 자동 시스템에 의해 제거된답니다. 이 자동 시스템이 완충 용액이라는 것입니다.

완충 용액은 감당할 수 있는 한계인 완충 용량이 있습니다. 그래서 완충 용량을 벗어나지 않는 상황에서는 산이 곧바로 체내에서 제거되게 됩니다. 이산화탄소는 폐에서, 황산과 인산 등은 신장에서 주로 제거되지요.

신장에서는 탄산수소 이온을 공급해 줄 수 있어 체내의 탄산-탄산수소 이온 완충계를 만들 수 있습니다. 이 완충 용액은 혈장과 같은 세포 외액에서 핵심적인 역할을 하지요.

만약 이 탄산-탄산수소 이온 완충계에 수소 이온이 들어가면 다음과 같은 평형이 이루어집니다.

$$CO_2 + H_2O \rightleftarrows H^+ + HCO_3^-$$

더해진 수소 이온은 탄산수소 이온과의 반응에 전부 소모되어 버리지요. 수소 이온이 제거되면 평형이 오른쪽으로 이동하여 수소 이온이 다시 생겨납니다. 이 완충계는 침의 완충 작용에도 관련되어, 입 안의 박테리아나 음식의 산에 의해 생긴 수소 이온을 제거하는 역할을 합니다. 이런 완충 작용이 충치를 예방하는 데도 도움이 되지요.

우리 몸의 완충계에 문제가 발생하면 고산병에 걸릴 수 있

습니다. 특히, 에베레스트 산처럼 높은 산에 올라가면 생명을 잃을 수도 있어요. 고산병이 생기는 이유는 이산화탄소 때문입니다.

높은 산에 올라가면 산소가 부족해지기 때문에 더 빨리 호흡하게 되는데, 이렇게 하면 산소 공급은 가능하지만, 그 결과 혈액 속에 들어 있는 이산화탄소가 너무 많이 소모되는 문제가 생기거든요. 노폐물에 불과한 이산화탄소가 빠져나가는 것이 무슨 큰 문제가 될까 싶지만, 이산화탄소는 우리 몸 속의 완충계에 관련되어 있기 때문에 심각한 문제를 일으킵니다.

이산화탄소가 혈액에 녹으면 탄산수소 이온(HCO_3^-)과 탄산(H_2CO_3)이 만들어지면서 pH가 7.4인 용액이 됩니다. 이 상태에서 피 속에 산성 물질이 들어가면 탄산수소 이온과 중화 반응을 일으키고, 염기성 물질이 들어가면 탄산과 중화 반응을 일으킵니다. 그 결과, 혈액의 pH는 변하지 않고 일정하게 유지되지요.

혈액의 완충 능력은 매우 뛰어납니다. 순수한 물 1L의 pH를 7에서 2로 변화시킬 수 있는 양의 염산을 혈액 1L에 넣어 주면 그 pH는 7.4에서 7.2로 겨우 0.2 정도 바뀔 뿐입니다. 그러니 식초나 탄산음료를 많이 마신다고 해서 우리 몸이 산

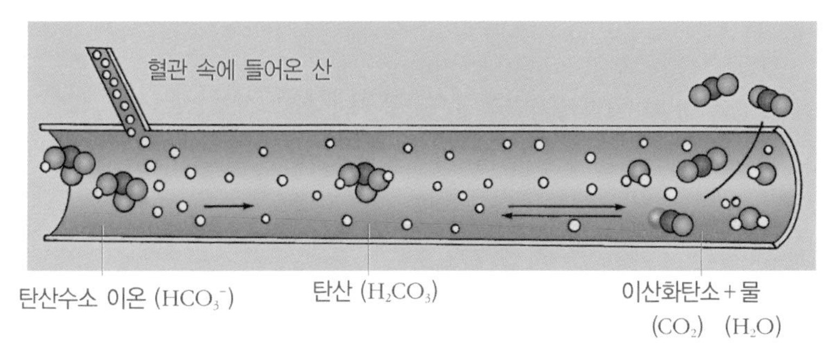

$$HCO_3^- + H^+ \rightleftarrows H_2CO_3 \rightleftarrows H_2O + CO_2$$

혈액 속에 산이 들어왔을 때 일어나는 변화

성화될 위험성은 거의 없는 거지요. 그러니 안심하셔도 된답니다.

그러면 이산화탄소가 과도하게 빠져나가면 어떻게 될지 짐작이 되나요? 혈액의 완충 능력이 없어지기 때문에 혈액의 pH가 증가하게 됩니다. 만약 산소 공급을 받지 않은 상태에서 에베레스트 산에 올라가면 혈액의 pH는 7.7까지 올라가게 됩니다. 그 결과 고산병 증세가 나타나게 됩니다.

이런 경우를 호흡성 알칼리증이라고 하는데, 이럴 경우 인체는 기절이라는 방법을 통해 혈액의 pH를 조절하려고 합니다. 기절하게 되면 호흡이 느려지기 때문이지요. 따라서 기절을 피하려면 과호흡 환자를 종이로 만든 자루 안에서 호흡하도록 하여 배출한 이산화탄소를 다시 흡수하도록 해 주어

야 합니다.

위와는 반대로 호흡이 너무 느려져서 문제가 발생하는 경우도 있습니다. 천식이나 폐기종, 흡연 등은 호흡을 방해하기 때문에 혈액 속의 이산화탄소가 지나치게 증가합니다. 그러면 혈액의 pH가 감소하게 되어 호흡성 산혈증이 나타나게 됩니다.

따라서 이런 환자가 발생하면 환자의 호흡을 돕기 위해 인공 호흡기로 치료를 받게 해 주어야 합니다. 호흡이 원활해지면 이산화탄소의 배출이 늘어나고 다시 혈액의 pH도 정상으로 돌아오게 됩니다. 기억하세요. 숨만 제대로 쉬면 우리 혈액의 pH는 아무 문제 없이 조절된다는 사실을.

만화로 본문 읽기

아, 시원해!
넌 운동도 안하면서 무슨 이온 음료를 그렇게 많이 마시니?
이온

선생님, 과일 주스, 탄산음료, 이온 음료는 모두 산성인데, 날마다 이런 걸 마시면 우리 몸도 산성화되지 않을까요?
그렇진 않아요. 다행히 우리 몸속에는 어느 정도의 산이나 염기가 들어와도 pH가 일정하게 유지되는 자동 시스템이 작동하고 있어요.
과일 주스
탄산음료
이온 음료
산성 용액

몸속에서는 신진대사 반응의 부산물로 다양한 유기산들이 계속 만들어지고 있는데, 이런 산들로부터 나오는 수소 이온들은 방출되자마자 자동 시스템에 의해 제거되지요.
자동 시스템이요?

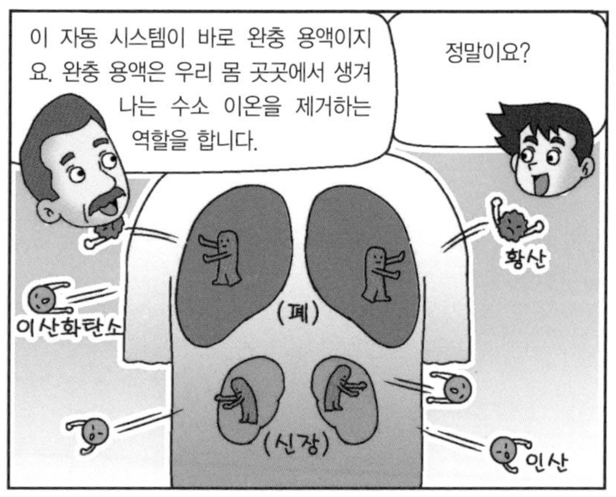

이 자동 시스템이 바로 완충 용액이지요. 완충 용액은 우리 몸 곳곳에서 생겨나는 수소 이온을 제거하는 역할을 합니다.
정말이요?
황산
이산화탄소
(폐)
(신장)
인산

네. 우리 몸의 완충계에 고장이 나면 고산병에 걸릴 수 있답니다. 고산병은 이산화탄소가 너무 많이 소모되기 때문에 생기지요.
헉
헉
이산화탄소가 어떤 작용을 하는데요?

이산화탄소가 빠져나가면 혈액의 완충 능력이 없어지지요. 이런 경우에는 종이로 만든 자루로 호흡하도록 해야 해요.
자기가 내뱉은 이산화탄소를 다시 흡수하도록 하는 것이군요.
후욱
후욱
이산화탄소

여 덟 번 째 수 업

8

양성자를 주고받는 산과 염기

물에 녹지 않는 물질은 산인지 염기인지 어떻게 알아볼까요?
물에 녹는 염기성 화합물 암모니아에 대해서도 알아봅시다.

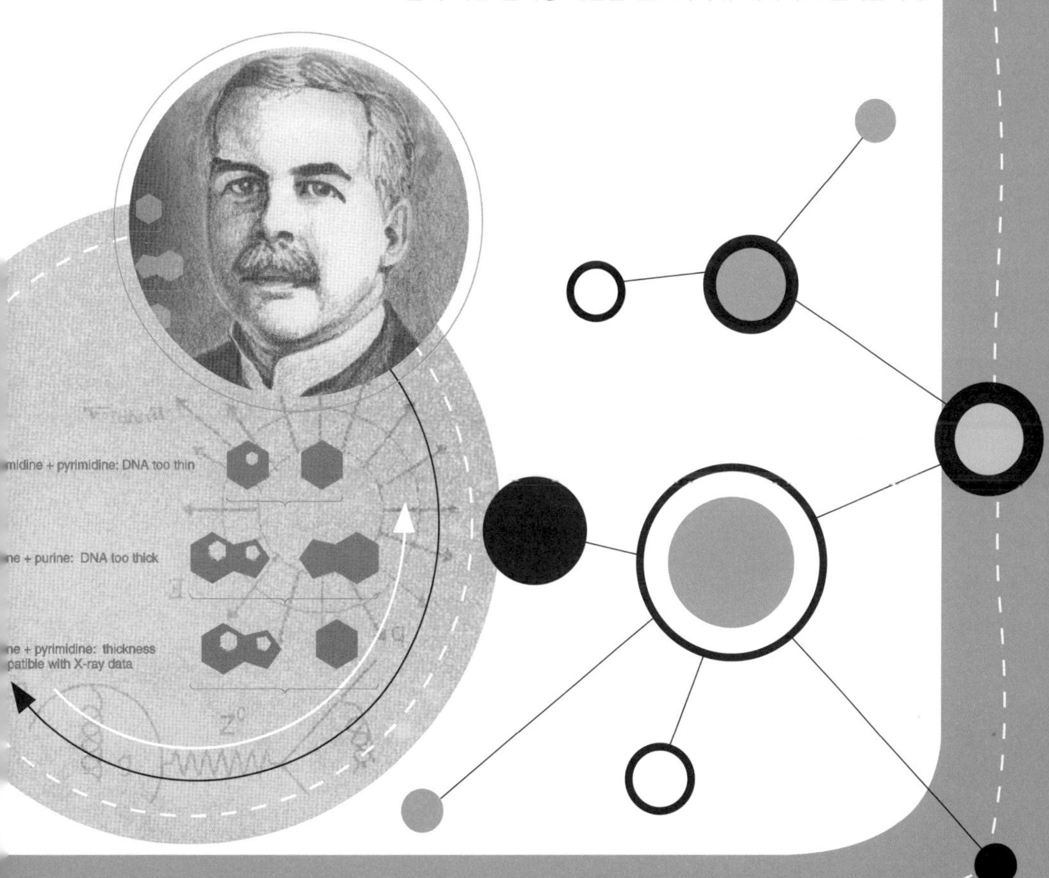

8

여덟 번째 수업

양성자를 주고받는 산과 염기

교과 연계		
고등 과학 1	3. 물질	
고등 화학 I	1. 우리 주변의 물질	
고등 화학 II	3. 화학 반응	

루이스가 브뢴스테드와 로리의 산과 염기에 대해 알아보자며 여덟 번째 수업을 시작했다.

홍어

■ 지은이: 김주영

■ 줄거리

세영은 산골 마을에서 어머니와 단둘이 살아가는 열세 살 소년이다. '홍어'라는 별명을 가진 아버지는 읍내의 주막 춘일옥 안주인과 눈이 맞아 도망친 후 5년째 소식이 없다. 어머니는 아버지를 닮은 홍어를 문설주에 걸어 놓고, 세영은 때때로 가오리연

을 만들며 힘겨운 기다림을 견뎌 내고 있다.

폭설이 내리던 어느 날, 이들 모자에게는 갑작스러운 불청객이 찾아온다. 한 거지 소녀가 그들의 집 지붕 밑에서 눈을 피하고 있었던 것. 어머니는 매질을 하여 소녀를 쫓아 내려 했으나 꼼짝하지 않자 '삼례'라는 이름을 지어 주고 거두어 딸처럼 보살핀다.

영악하고 당찬 삼례는 어머니의 삯바느질 주문을 받는 등 집안일을 거들게 된다. 자유분방한 삼례의 모습은 어느새 세영의 마음을 사로잡는다. 그러나 그녀는 몽유병과 도벽 등 기이한 행동을 일삼더니 결국은 마을 자전거포의 청년과 함께 집을 나가 버린다.

1년 후, 삼례는 춘일옥의 색시가 되어 읍내에 다시 나타난다. 세영은 몰래 삼례를 찾아가 만나면서 조금씩 이성에 눈뜨게 된다. 이 사실을 알게 된 어머니는 삼례에게 돈뭉치를 쥐어 주며 떠날 것을 종용한다.

삼례가 떠난 후 집에는 아버지의 소생인 갓난아기 호영이가 들어오고, 곧이어 세영의 외삼촌이 등장한다. 아버지가 돌아올 수 있도록 춘일옥 주인을 설득하는 외삼촌. 며칠 후, 드디어 아버지가 돌아온다. 한데 그토록 기다리던 아버지와 하룻밤을 보낸 후, 어머니는 세영이 숨겨 두었던 삼례의 주소를 가지고 어딘가로 사라져 버리는데…….

소설의 배경이 겨울인 것처럼 홍어도 눈 내리는 겨울철에 제 맛이 납니다. 실제로 홍어는 알칼리성 식품으로서 담을 삭이는 효능이 있다고 전해지며 기관지 천식, 소화 기능, 혈액 순환, 신경통, 관절염 등에도 좋습니다. 발효 홍어찜을 처음 먹어 보는 사람치고 상을 찡그리지 않을 사람이 몇이나 될까요? 그러나 그 지독한 암모니아 냄새와 자극성에 익숙해 있는 식도락가는 홍어찜 잘하는 음식점을 일부러 찾아다니는 것을 보면 그 맛도 나름대로 매력이 있다는 것입니다. 사실 암모니아는 심한 냄새와 자극성뿐만 아니라 독성이 큰 기체입니다. 진한 암모니아 기체를 오랫동안 흡입하면 치명적인 위험에 처할 수 있습니다.

홍어를 2~3일 실온에 방치하거나 퇴비 속에 1~2일 묻어 두면 우리가 즐겨 먹을 수 있을 정도로 발효되며 이때 요소가 분해되어 염기성 암모니아를 듬뿍 만듭니다. 발효된 홍어를 뜨겁게 찜을 만들면 아직 분해가 되지 않은 요소와 암모니아가 우리 코를 심하게 자극합니다. 사실 이때 암모니아의 양은 소량에 불과하기 때문에 암모니아의 독성은 조금도 걱정할 필요가 없습니다. 그러나 진한 암모니아수는 우리의 피부를 상하게 합니다. 별로 뜨겁지 않은데도 홍어 찜을 먹다가 입천장을 데는 사고가 생기는 것도 이 암모니아 때문입니다. 그런데 암모니아는 NH_3이고 염기는 OH^-가 나오는 물질이라고 했는데, 암모니아가 어떻게 염기성을 띨까요?

아레니우스의 정의만 해도 충분해 보이는데, 다른 사람의 정의는 왜 나오냐고요? 용매가 물이 아닐 때나, 분자 내에 수소(H)나 수산기(OH)를 가지고 있지 않은 물질의 경우에 그의 정의를 적용할 수가 없기 때문입니다.

삭힌 홍어의 톡 쏘는 맛은 암모니아 때문인데, 암모니아(NH_3)는 수산기를 가지고 있지 않음에도 불구하고 염기성을 띠거든요. 피리딘(C_5H_5N)도 마찬가지입니다. 그래서 좀 더 넓은 의미에서의 산과 염기의 정의가 필요하게 된 거랍니다. 마침 브뢴스테드(Johannes Brønsted, 1879~1947)와 로리(Martin Lowry, 1874~1936)가 각각 독자적으로 같은 시기에 이론을 발표했기 때문에 이를 브뢴스테드-로리 이론이라고 부릅니다.

브뢴스테드와 로리의 등장!

브뢴스테드는 덴마크에서 토목 기사의 아들로 태어났습니다. 그래서 공학 기술자가 되려고 마음먹었었지만, 화학에 흥미를 느껴 전공을 바꾸게 되지요. 그가 박사 학위를 따자 모교인 코펜하겐 대학교에서는 그에게 교수직을 제안했고, 그곳에서 그는 용해도와 열역학에 관한 논문과 책을 많이 썼습니다.

제2차 세계 대전이 터지자 그는 나치에게 의연히 대항하였습니다. 그리고 전쟁이 끝난 후 국회의원으로 당선되었는데, 그해 12월에 세상을 떠남으로써 국회 의원으로서의 활동은 하지 못하였습니다.

한편, 브뢴스테드와 같은 시기에 동일한 연구를 했던 로리는 영국 런던 대학에서 교편을 잡고 있었습니다. 그는 브뢴스테드와는 별개로 산과 염기에 대한 같은 이론을 제안했는데, 공식적으로 발표는 하지 않고 있었습니다. 그래서 어떤 사람들은 그의 공헌을 인정하지 않기도 합니다. 그는 사실 산과 염기에 대한 이론보다 광학 이성질체에 관한 연구로 더욱 유명하답니다.

브뢴스테드와 로리의 이론은 아레니우스의 이론을 좀 더 확장한 것이라 볼 수 있습니다. 그들의 정의에 따르면, 산은 다른 물질에게 양성자(H^+)를 주는 물질이고, 염기는 양성자(H^+)를 받아들이는 물질입니다. 간단하게는, 산은 양성자 주게(proton donor), 염기는 양성자 받게(proton acceptor)라고 표현합니다.

아레니우스와는 달리 산과 염기가 양성자를 주고받는 반응에 의해 결정되는 것이죠. 그래서 아레니우스의 정의로는 산, 또는 염기밖에 없었던 반응식에 산과 염기가 동시에 나오게 됩니다.

산이 양성자를 염기에게 내놓을 때는 반드시 짝산, 짝염기라고 불리는 새로운 산과 염기가 만들어집니다. 무슨 말인지 이해를 돕기 위해 암모니아가 물에 녹는 반응을 살펴보도록 합시다.

$$NH_3 + H_2O \rightleftarrows NH_4^+ + OH^-$$

위의 반응식에서 물은 산입니다. 왜냐하면 양성자(H^+)를 암모니아에게 주고 자신은 수산화 이온(OH^-)으로 변했기 때문이죠. 한편, 암모니아는 물로부터 양성자를 받았으니 염기가 됩니다.

그리고 두 물질의 반응 결과 만들어진 암모늄 이온(NH_4^+)과 수산화 이온(OH^-)은 각각 암모니아(NH_3)와 물(H_2O)로 돌아가므로, 암모늄 이온은 양성자 주게 산이고, 수산화 이온은 양성자 받게 염기입니다. 이때 암모늄 이온을 암모니아의 짝산, 수산화 이온은 물의 짝염기라고 말합니다. 이것을 반응식에 덧붙여 써 보겠습니다.

$$NH_3 + H_2O \rightleftarrows NH_4^+ + OH^-$$

염기 산 짝산 짝염기 — (가)

이런 견지에서 아레니우스의 산을 해석해 볼까요? 다음은 강산의 일종인 질산(HNO_3)의 이온화 식입니다.

$$HNO_3 + H_2O \rightleftarrows H_3O^+ + NO_3^-$$

질산은 양성자를 잃고 질산 이온(NO_3^-)이 되었으니 산이고, 물은 양성자를 얻어 옥소늄 이온(H_3O^+)이 되었으니 염기입니다. 짝산과 짝염기도 알아낼 수 있겠지요? 물의 짝산은 옥소늄 이온이고, 질산의 짝염기는 질산 이온입니다.

위의 식도 다시 한 번 정리를 해 볼까요?

$$\underset{\text{산}}{HNO_3} + \underset{\text{염기}}{H_2O} \rightleftarrows \underset{\text{짝산}}{H_3O^+} + \underset{\text{짝염기}}{NO_3^-} \quad — \quad (\text{나})$$

결국 질산은 아레니우스의 정의에서도 산이고, 브뢴스테드-로리의 정의에서도 산입니다. 다만 다른 것은 아레니우스는 질산에만 초점을 두었는데, 그에 비해 브뢴스테드는 반응하는 상대편 물질과 반응 결과 생성되는 생성물에도 초점을 두었다는 것이 다릅니다.

산과 염기의 상대성이 강조된 정의가 된 거지요. 즉, 아레니우스의 정의에서 한발 더 나아가 좀 더 넓은 의미에서 산과 염기를 정의한 것입니다. 그래서 같은 물질이 산이 될 수도, 염기가 될 수도 있습니다. 앞의 두 반응식을 비교해 보면 알 수 있지요. (가) 반응식에서는 물이 산으로 작용했는데, (나) 반응식에서는 염기로 작용했지요. 이렇게 산과 염기 양쪽으로 작용하는 것을 양쪽성 물질이라고 합니다.

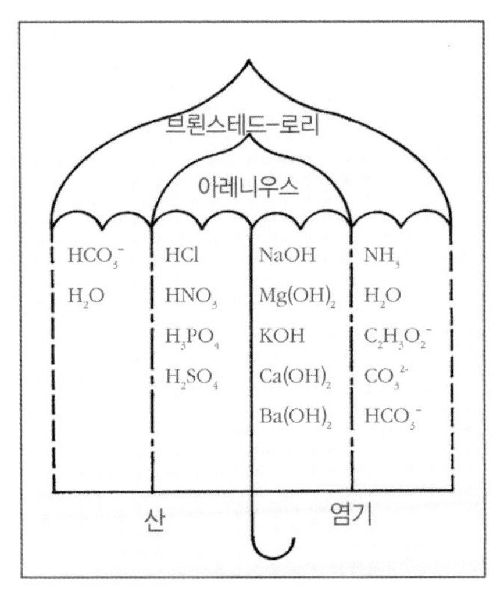

산과 염기 정의에 따른 우산식 분류

	이름	식	세기	주요 용도
산	황산	H_2SO_4	강	강철 세척, 자동차 배터리
	염산	HCl	강	금속 세척, 벽돌
	질산	HNO_3	강	비료, 폭발물, 플라스틱 제조
	인산	H_3PO_4	약	비료, 세제, 식품 첨가물
	아세트산	CH_3COOH	약	식초
	시트르산	$HOC(COOH)(CH_2COOH)_2$	약	과일
	탄산	H_2CO_3	약	탄산음료
	붕산	H_3BO_3	약	안약, 방부제
염기	수산화나트륨	$NaOH$	강	하수구 세척제, 비누, 세제
	수산화칼륨	KOH	강	비누, 세제, 비료
	수산화칼슘	$Ca(OH)_2$	강	표백제, 종이, 펄프
	암모니아	NH_3	약	비료, 폭발물, 플라스틱
	탄산수소나트륨	$NaHCO_3$	약	제산제
	탄산나트륨	Na_2CO_3	약	세제, 유리 제조

대표적인 산과 염기

산과 염기의 세기를 다시 비교하다

세 번째 수업에서 산과 염기의 세기를 비교한 적이 있었지요? 이온화도를 가지고 비교했었던 방법 말입니다. 이제 브뢴스테드-로리의 정의에 맞추어 해석을 해 봅시다. 반응이 잘 진행되면 강산과 강염기가 되고, 진행이 잘 안 되면 약산과 약염기가 됩니다.

$$HCl + H_2O \rightarrow H_3O^+ + Cl^-$$

산　염기　　짝산　짝염기

염산은 강한 전해질이어서 이 반응은 거의 오른쪽으로만 진행됩니다. 그렇다면 그의 짝염기인 Cl^-은 어떨까요? 역반응이 진행된다면 HCl로 변할 테니 양성자 받게, 즉 염기이지만, 역반응은 거의 일어나지 않습니다. 따라서 Cl^-은 약염기입니다. 그렇다면 당연히 옥소늄 이온 H_3O^+도 약산이 되겠지요. 그럼 약산에서는 어떻게 될까요?

아세트산의 이온화 식을 통해 알아봅시다.

$$CH_3COOH + H_2O \rightleftarrows H_3O^+ + CH_3COO^-$$

산　　　염기　　짝산　　짝염기

아세트산은 약한 전해질이므로 반응은 오른쪽으로 잘 진행되지 않고, 오히려 왼쪽으로 훨씬 잘 진행됩니다. 따라서 아세트산의 짝염기인 아세트산 이온(CH_3COO^-)은 매우 강한 염기이고, 물의 짝산인 옥소늄 이온(H_3O^+)도 매우 강한 산입니다. 당연히 아세트산과 물은 약산과 약염기이지요. 자, 그렇다면 이제 결론을 내려 보겠습니다.

강산의 짝염기는 약하고, 약산의 짝염기는 강하다. 또한 강염기의 짝산은 약하고, 약염기의 짝산은 강하다.

암모니아에 얽힌 이야기

암모니아는 전쟁과 인류의 식량, 양쪽 모두와 깊은 관계가 있는 물질입니다. 특히 암모니아와 관련이 깊었던 과학자는 하버(Fritz Haber, 1868~1934)였습니다. 그는 공기 중에 있는 질소(N_2) 기체와 수소(H_2) 기체를 반응시켜 암모니아(NH_3)를 합성하는 데 성공한 매우 위대한 화학자였습니다. 관련된 화학식은 다음과 같습니다.

$$N_2 + 3H_2 \rightarrow 2NH_3$$

이 반응은 단순히 두 기체를 섞어 둔다고 해서 일어나는 반응이 아니었습니다. 하버는 1년 동안 불철주야 노력한 끝에 이 반응이 잘 일어날 수 있는 촉매를 찾았고, 결국 암모니아를 대량으로 생산하는 데 성공합니다.

이렇게 합성된 암모니아는 질소 비료의 원료가 되어 식량 생산을 늘이는 데 기여했을 뿐 아니라, 화약의 원료로도 사용되었습니다. 암모니아의 원료인 질소와 수소는 공기 중이나 물을 통해 무한정 얻을 수 있으니 엄청난 합성을 해낸 것입니다. 그는 이 공로로 '공기 중에서 빵을 만든 사람'이라는 칭호를 받으며 1918년 노벨 화학상을 받았습니다.

이렇게 암모니아의 대량 생산이 가능해지자 독일은 식량과 무기라는 양쪽 날을 다 갖춘 셈이 되어 제1차 세계 대전을 일으키게 됩니다. 화약의 원료인 초석이 남반구에서밖에 나지 않아 운반하려면 시간과 경비가 많이 들었기 때문에, 다른

나라로 초석이 흘러 들어가는 것을 막기만 하면 독일의 승리는 확실하다고 믿었나 봅니다.

독일이 나중에 연합군의 포위를 받고도 오래 버틸 수 있었던 배후에는 하버가 있었습니다. 또한 하버는 제1차 세계 대전 막바지에 이르러 독가스(염소 기체)를 만들어 세계 최초의 화학전을 펼친 장본인이 되기도 했어요. 그는 그렇게 해서라도 전쟁을 빨리 종식시키는 것이 인류의 고통을 줄이는 길이라 믿었다고 합니다.

하지만 독가스가 연합군에게 처음으로 사용되던 날 하버의 부인 클라라는 자살을 하였습니다. 그리고 전쟁이 끝난 후 하버는 전범으로 낙인찍히게 됩니다. 질소 비료를 값싸게 공급해서 인류를 식량 부족의 재앙으로부터 구출한 하버가 전쟁 중에 사용한 폭약과 독가스 제조에 투신한 것을 보면 과학의 발견을 어떻게 사용하는 것이 옳은지에 대한 생각을 다시금 해 보게 됩니다.

이렇게 국가에 헌신한 그는 얼마 후 자신이 목숨처럼 사랑했던 조국으로부터 버림을 받게 됩니다. 히틀러가 집권한 독일에서 유대인인 하버는 설 곳이 없었던 겁니다. 그는 결국 지위를 박탈당하고 독일에서 쫓겨나게 됩니다.

아인슈타인을 비롯한 대부분의 유대인 망명 과학자들은 미국 등지에서 환대를 받고 정착을 했지만, 전범인 그를 반겨 주는 곳은 별로 없었습니다. 이곳저곳을 떠돌던 그는 결국 스위스 바젤에서 심장 발작으로 생을 마감합니다. 한 과학자의 가치관과 업적으로부터 얼마나 많은 일이 발생할 수 있는지를 하버의 경우를 통해 잘 살펴볼 수 있겠지요?

후세 사람들에 의해 밝혀진 바에 따르면 그의 아내였던 클라라 임머바르는 여성의 대학 교육이 금지되어 있었던 당시 독일에서 최초로 화학 박사 학위를 받은 인텔리 여성이었습니다. 그녀는 대부분의 여자들이 학업에 아무런 관심이 없을 시절에 물리와 화학 분야에서 박사 학위를 받았고, 얼마 후 과 동료인 하버와 결혼하였습니다. 그런데 그 결혼이 그녀의 삶을 비극으로 몰아넣게 될 줄은 꿈에도 몰랐겠지요.

그녀는 연구에서 남편의 능력을 따라잡을 수 없었고, 편집증적 성격을 지닌 하버 때문에 계속 위축된 삶을 살았습니다. 그러던 중 1915년 남편이 독가스 살포를 위해 동쪽 전방으로 출발하기 직전, 남편의 권총으로 자살을 하기에 이릅니다.

만화로 본문 읽기

윽, 냄새~! 매너 없이 이게 무슨 짓이니?
생리 현상인데 어쩌겠어, 흥!
허허, 암모니아 가스를 방출했나 보군요. 그럼 오늘은 암모니아에 대한 이야기를 해 볼까요?

질소 비료의 원료가 되는 암모니아 말이죠?
그래요. 암모니아도 양성자를 잘 받아들이기 때문에 염기에 속하지요.
이거 받아!
잘 받을게!
양성자 H^+
염산
암모니아
질소 비료

암모니아는 누가 만들었어요?
하버가 공기 중에 있는 질소와 수소를 반응시켜 암모니아를 합성했답니다.

암모니아의 원료인 질소와 수소는 공기 중이나 물을 통해 무한정 얻을 수 있으니 대량 생산이 가능하게 되었지요.
암모니아가 그렇게 쓸모가 많았나요?
위이이잉
암모니아

식량 생산에 기여
화학 원료
암모니아
네. 합성된 암모니아는 식량 생산을 늘리는 데 기여했을 뿐 아니라, 화약의 원료로도 사용되었지요.
암모니아의 기능은 야누스의 얼굴처럼 양면성을 가지는군요.

과학의 발견을 어떻게 사용하는 것이 옳은지에 대해 생각해 봐야겠네요.
그런 셈이지요. 질소 비료를 값싸게 공급해서 인류를 식량 부족의 재앙으로부터 구출한 하버가 전쟁 중에 사용한 폭약과 독가스 제조에 투신을 한 거죠.

마 지 막 수 업 9

전자쌍을 주고받는 산과 염기

전자쌍으로 산과 염기를 구별할 수 있답니다.
전자쌍이란 무엇일까요?

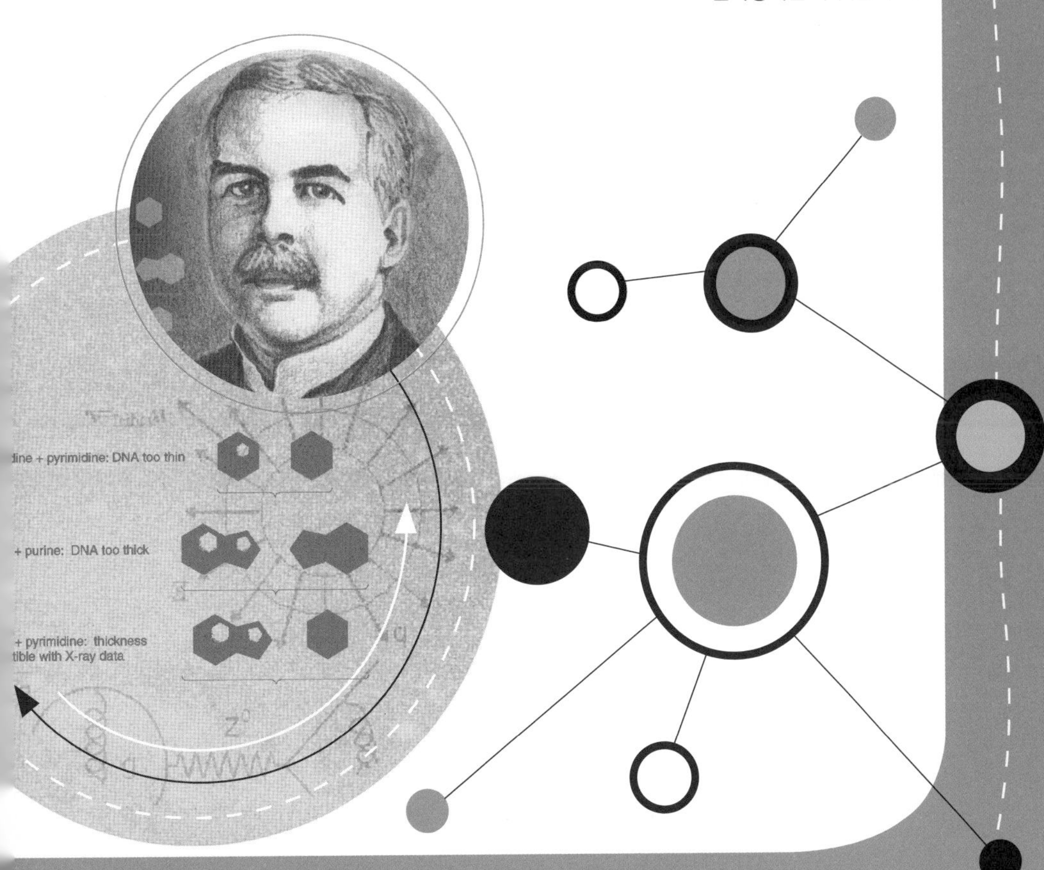

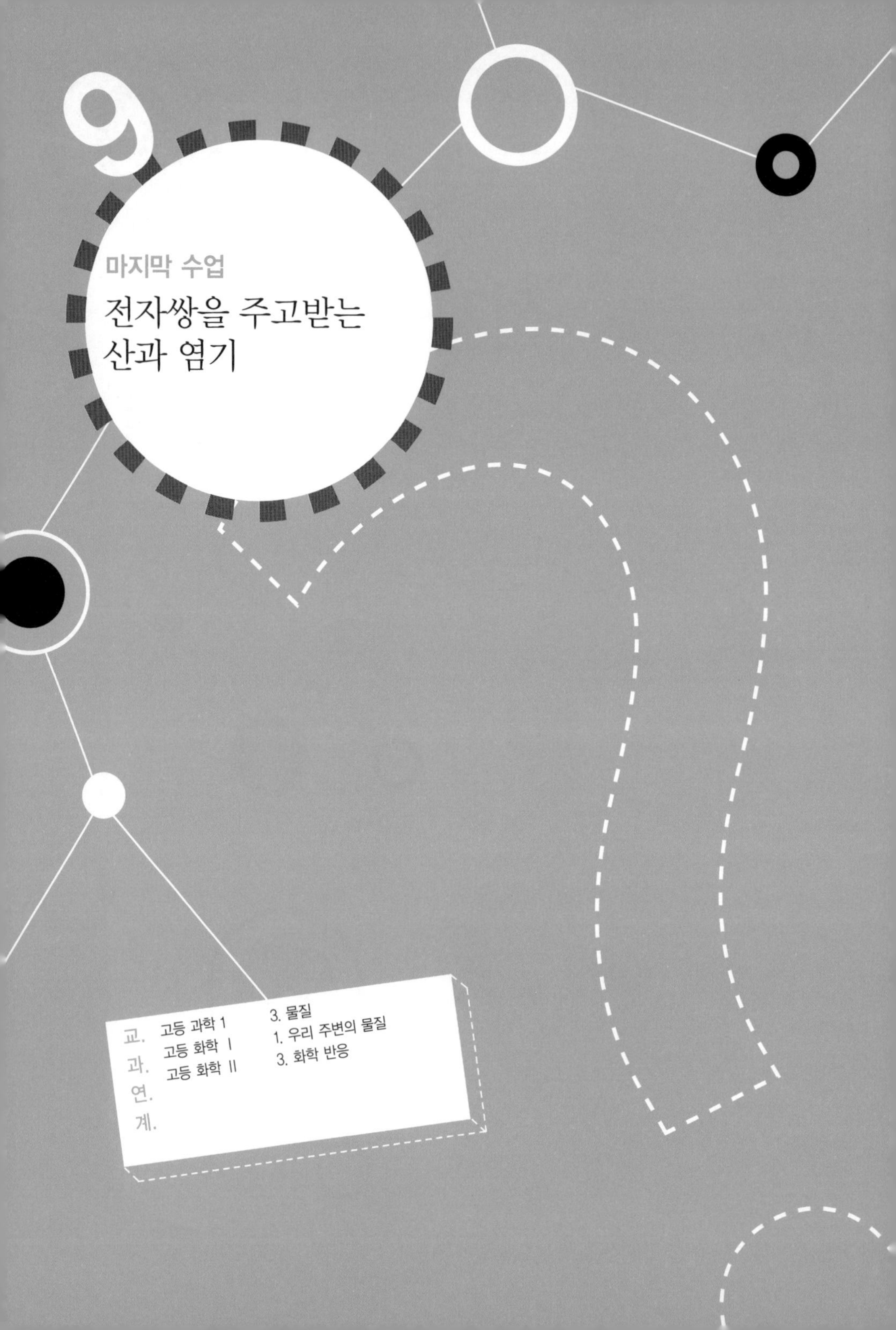

9

마지막 수업

전자쌍을 주고받는 산과 염기

교.과.연.계.

고등 과학 1	3. 물질
고등 화학 Ⅰ	1. 우리 주변의 물질
고등 화학 Ⅱ	3. 화학 반응

루이스가 자신의 산과 염기 이론에 대해 마지막 수업을 시작했다.

이제 마지막 수업 시간입니다. 오늘 앞부분에 재미있는 이야기가 없는 이유는 이제 드디어 나의 이론을 이야기하는 시간이기 때문입니다. 여태까지 아레니우스와 브뢴스테드-로리만 등장해서 나 루이스는 대체 언제 나오는 건지 궁금했지요? 조금 어려울 수도 있으니 긴장해야 될지도 모릅니다.

하지만 잘 듣다 보면 그리 어렵지 않게 이해할 수 있을 거예요. 그리고 끝까지 들은 사람에게 선사하는 깜짝 이야기가 나올 예정입니다. 그동안 함께 배웠던 산과 염기에 관한 내용으로 조그만 이야기를 하나 준비했거든요. 기대해도 좋아요.

```
        H     F                    H     F
        |     |                    |     |
  H — N:+ B — F        →     H — N — B — F
        |     |                    |     |
        H     F                    H     F
```

암모니아 삼플루오린화붕소

브뢴스테드-로리의 정의가 나왔던 1923년, 나는 그들과는 다른 방식의 산과 염기 정의를 발표했습니다. 왜냐고요? 그들의 정의가 아레니우스에 비해 다소 넓어진 것은 사실이지만, 양성자를 그 기준으로 보았기 때문에 양성자가 없는 물질의 반응에 대해서는 적용할 수가 없었기 때문입니다. 예를 들어, 삼플루오린화붕소와 암모니아 사이에서 일어나는 반응은 산과 염기의 특성을 분명히 가지고 있는데, 아레니우스나 브뢴

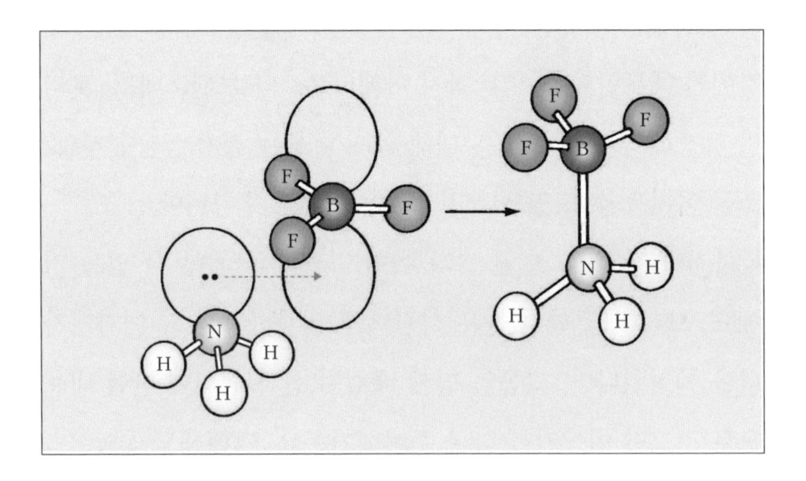

스테드-로리의 정의로는 설명할 수가 없었던 것이죠.

앞의 반응에서는 양성자가 아니라 전자쌍을 주고받습니다. 하지만 이 반응은 분명 산과 염기 반응의 특성을 가지고 있거든요. 그래서 나는 이런 점을 설명하기 위해 브뢴스테드-로리의 정의를 좀 더 확장시킨 산과 염기 이론을 만들었습니다.

내가 만든 이론에 따르면, 산은 전자쌍 받게(electron pair acceptor), 염기는 전자쌍 주게(electron pair donor)입니다. 그래서 전자쌍을 받은 BF_3는 산이고, 전자쌍을 준 NH_3는 염기입니다. 암모니아는 브뢴스테드-로리의 정의에서도 염기에 속했지요? 즉, 브뢴스테드-로리계의 염기는 루이스계에서도 역시 염기인 것입니다.

내 이름을 딴 루이스산은 전자쌍을 받아들일 수 있는 빈 오비탈을 가지고 있습니다. 양성자 H^+는 빈 오비탈을 가지고 있으니 루이스산의 일종인 것입니다. 이리하여 나는 산과 염기 이론의 강조점을 양성자로부터 전자쌍으로 바꾸어 놓았습니다. 산과 염기의 정의는 한층 더 넓고 다양해졌습니다. 오랫동안 산과 염기 이론을 지배해 온 산의 수소 이론이 드디어 막을 내리게 된 것입니다.

전자쌍에 대해 알아봅시다

그런데 내 이론을 제대로 이해하기 위해서는 몇 가지 알아두어야 할 기본 지식이 있어요. 위에서 전자쌍이라는 말이 나왔지요? 그게 어떤 건지 잠시 설명을 하겠습니다. 암모니아와 메탄 분자가 가지고 있는 전자쌍을 가지고 설명을 해야겠네요.

암모니아(NH_3)와 메탄(CH_4) 분자에 있는 전자쌍은 각각 4개입니다. 똑같이 전자쌍을 4개 가지고 있지만, 메탄의 경우와 암모니아의 경우를 비교하면 약간 차이가 있는 것을 볼 수 있습니다. 메탄의 경우 모든 전자쌍이 C와 H 사이에 존재하고 있지요? 한 전자쌍은 전자 2개로 이루어져 있는데, 탄소와 수소가 각각 1개씩 전자를 내놓고 공유 결합을 하고 있는 것이랍니다. 탄소는 결합에 참가할 수 있는 전자가 4개이기 때

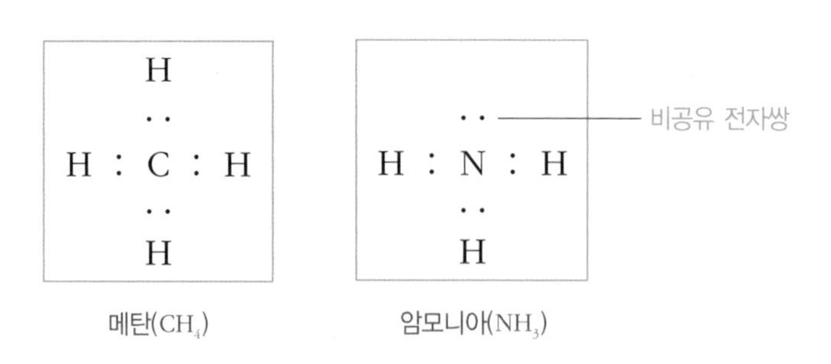

메탄(CH_4) 암모니아(NH_3)

문에 수소 원자 4개와 결합하고 있는 것이지요.

앞의 그림처럼 결합 전자쌍을 점으로 찍어 표현하는 식은 내가 고안한 방법이랍니다. 그래서 루이스 전자점식이라고 불러요. 메탄의 경우에는 모든 전자쌍이 결합에 참여하고 있기 때문에 결합 전자쌍만 4개 있는 구조입니다.

이에 비하면 암모니아는 좀 달라요. 질소 원자는 결합에 참여할 수 있는 전자가 5개인데, 그중 3개만이 수소 원자와 결합을 합니다. 왜 5개가 모두 결합에 참여하지 못하는 것일까요? 만약 5개가 모두 수소와 결합하면 질소 원자 주위에 5개의 전자쌍, 즉 전자 10개가 존재하게 됩니다.

내가 연구한 바에 따르면 원자 주위의 전자는 8개가 될 때 가장 안정하거든요. 그래서 나는 이 규칙을 '8의 규칙(rule of eight)'이라고 불렀는데, 재치 있는 후배 랭뮤어(Irving Langmuir, 1881~1957)가 '옥텟 규칙(Octet rule)'이라는 말로 부른 뒤, 모두가 그렇게 부른답니다.

대부분의 원자들은 이 규칙에 따라 중심 원자 주변의 전자가 8개가 되도록 결합을 합니다. 따라서 질소 원자 주변에 8개의 전자가 있으려면 수소 원자 3개와만 결합해야 하지요. 그래서 NH_5가 아니라 NH_3가 되는 겁니다.

그 결과, 한 쌍의 전자는 결합에 참여하지 않고 그대로 남

게 됩니다. 그림에서 보면 질소 위쪽의 전자쌍이 바로 그것인데, 이런 전자쌍을 비공유 전자쌍이라고 부릅니다. 나는 1923년 이런 내용을 담은 책-《원자가와 원자와 분자의 구조(Valence and the Structure of Atoms and Molecules)》-을 펴냈는데, 이 책은 현대 결합 이론에 가장 큰 공헌을 한 고전으로 꼽히고 있답니다.

내가 정의한 염기는 이런 전자쌍을 가지고 있어서 다른 분자에게 자신의 전자쌍을 줄 수 있는 물질입니다. 따라서 메탄은 비공유 전자쌍이 없기 때문에 염기가 될 수 없습니다. 그에 비하면 암모니아는 비공유 전자쌍을 가지고 있으니 염기로 작용할 수 있는 것입니다. 염기가 이렇다면, 산은 이런 전자쌍을 받아들일 수 있는 빈 오비탈을 가지고 있어야겠지요.

부 록

로미오 베이스와 줄리엣 애시드의 사랑 이야기

이 글은 셰익스피어의 〈로미오와 줄리엣〉을 패러디한 저자의 과학 동화입니다.

부록

로미오 베이스와 줄리엣 애시드의 사랑 이야기

먼 옛날 베로나라는 아름다운 성이 있었습니다.

파란 파도가 넘실거리는 아름다운 그곳에는 유명한 두 가문의 사람들이 살고 있었습니다. 그 두 가문은 베이스(Base) 집안과 애시드(Acid) 집안으로, 언제부터인지 이유조차 알 수 없는 불화가 계속되고 있었습니다.

두 집안 사람들은 만나기만 하면 서로 시비를 걸었고, 먼 친척들이나 하인들끼리도 싸우는 통에 아름다운 도시 베로나는 하루도 평화로울 틈이 없었습니다. 이 도시를 다스리는 영주 비티비(BTB)의 유일한 골칫거리는 바로 이 분쟁이었습니다.

그러던 어느 날, 잘생긴 청년이 침울한 얼굴로 산책을 하고 있는 모습이 사람들의 눈에 띄었습니다.

"어이, 저 잘생긴 청년은 누구지?"

마을 사람들은 시원스런 이마에 빛나는 눈동자를 한 청년을 보며 서로 속삭였습니다.

"아니, 저분이 누군지 모른단 말이에요? 저분이 바로 베이스 가문의 상속자 로미오 님이라오."

"베이스 가문의 주인 나리는 복도 많지. 정말 잘생겼네. 근데 얼굴에 수심이 가득해 보여요."

"글쎄, 아마 누구를 짝사랑하고 있다나 봐요."

"저렇게 잘생긴 로미오 님의 사랑을 받는 행복한 여인은 누굴까? 정말 부럽네."

마을의 여인들은 남몰래 한숨을 내쉬며 로미오의 모습이 보이지 않을 때까지 바라보았습니다.

한편 애시드 저택에서는 한 청년이 애시드 가문의 아름다운 딸 줄리엣을 신부로 삼고자 그녀의 부모님에게 청을 넣고 있었습니다.

"줄리엣 아가씨를 제게 주십시오."

그 말을 들은 애시드는 고개를 저었습니다.

"줄리엣은 아직 너무 어려요."

“아닙니다. 따님보다 더 어린 나이에도 자랑스러운 어머니가 된 여인들이 얼마든지 있지 않습니까?”

“좋소, 그럼 직접 줄리엣에게 청혼을 해 보시오. 오늘 가면무도회를 열 테니 그곳에서 말이오.”

그리하여 그날 밤 애시드 저택에서는 성대한 가면 무도회가 열렸습니다. 성내 대부분의 사람들이 초대를 받아 즐거운 마음으로 무도회에 참석하였습니다. 단, 베이스 가문의 사람들만 빼고요.

그날 밤 짝사랑에 잠 못 이루던 로미오는 애시드 저택의 무도회에 자신이 짝사랑하는 여인 로잘린이 참가한다는 사실을 우연히 알게 됩니다. 그래서 그는 친구들과 함께 가면을 쓴 뒤 애시드 저택에 발을 딛습니다. 무도회는 이미 성대하게 진행되고 있었습니다.

로미오의 시선이 로잘린을 향해 있을 때, 사람들의 눈은 온통 줄리엣에게 향해 있었습니다. 노란색 드레스를 입은 줄리엣은 천사처럼 아름다웠습니다. 그리고 마침내는 로잘린을 바라보던 로미오의 눈빛도 줄리엣에게로 향했습니다.

‘세상에, 저렇게 아름다운 여인이 존재하다니. 하늘나라 천사도 저렇게 아름답지는 못할 거야. 로잘린은 저 여인에 비하니 아무것도 아니군.’

잠시 후 줄리엣은 머리를 식히고자 베란다로 나갔습니다. 이것을 본 로미오는 하늘이 준 기회라 생각하여 그녀를 따라 갔습니다. 달을 바라보고 있던 줄리엣은 발소리에 놀라 뒤를 돌아보았습니다.

“달이 참 밝죠?”

“정말 밝고 아름다운 달이군요. 하지만 그 달이 지금은 제게 아무 가치가 없어졌습니다.”

“달님이 가치가 없어지다니요?”

“달보다 몇백 배나 아름다운 당신을 보았기 때문입니다.”

로미오는 천천히 가면을 벗었습니다. 줄리엣은 더할 나위 없이 품위 있는 귀공자의 얼굴과 밝게 타오르는 그의 파란 눈동자를 보았습니다. 잠시 동안 두 사람은 마치 대리석상처럼 우뚝 선 채 말없이 상대를 바라보았습니다. 그리고 잠시 후 로미오는 줄리엣의 손을 잡았습니다.

그런데 이게 웬일입니까? 줄리엣의 노랑 옷소매가 초록으로 변하기 시작했습니다. 줄리엣은 외마디 비명을 지르며 쓰러졌습니다. 깜짝 놀란 로미오는 허겁지겁 애시드 저택을 빠져나왔습니다. 줄리엣 아가씨를 부르는 유모의 외침을 들으면서.

그날 밤 이후로 로미오와 줄리엣은 서로를 그리워하며 잠을 이루지 못하였습니다. 하지만 로미오의 베이스 가문과 줄리엣의 애시드 가문은 서로 사랑할 수 없는 사이였기에 그들의 마음은 찢어지는 듯했습니다. 그렇게 고민을 하던 중 로미오는 마을 사람들로부터 지극히 존경을 받고 있던 로렌스 신부님을 찾아갔습니다.

"신부님!"

로렌스 신부는 의아한 눈초리로 로미오를 살펴보았습니다. 항상 파란 옷을 단정히 입고 다니던 그의 모습은 간 데 없고, 붉게 충혈된 눈동자와 이슬에 젖은 몰골이 말이 아니었습니다.

"아니, 로미오, 무슨 일이냐?"

"어젯밤에 있었던 일을 말씀드리러 왔습니다."

로미오는 애시드 가문의 무도회에 갔다가 줄리엣에게 반하게 된 사연을 말하기 시작했습니다.

"아니, 이런 일이. 로미오, 설마 줄리엣의 몸에 손을 댄 것은 아니겠지? 그러면 큰일 나는데……."

그 말을 들은 로미오는 깜짝 놀랐습니다.

"신부님, 어떻게 아셨나요? 제가 손을 잡자 줄리엣이 비명을 지르며 쓰러졌거든요."

로렌스 신부는 올 것이 왔다는 생각을 했습니다.

"애시드 가문과 베이스 가문이 왜 그렇게 앙숙이 되었는지 아느냐?"

"아니오, 모릅니다. 저는 그 전통을 저주하고 싶을 뿐이에요."

"너희 둘은 결혼해서 행복하게 살 수가 없다. 왜 그런지는 줄리엣과 함께 오면 말해 주마. 내일 새벽 사람들의 눈을 피해 이곳에 줄리엣과 함께 오너라."

다음 날 아침 로미오와 줄리엣은 신부님 앞에 섰습니다.

"신부님, 어떻게 된 건가요? 왜 저희가 결혼할 수 없는 건가요?"

로렌스 신부는 그 둘에게 각자의 옷소매를 보라고 하였습니다.

기묘하게도 줄리엣의 노랑 옷소매와 로미오의 파란 옷소매가 모두 초록으로 변해 있었습니다.

"그게 무슨 뜻인지 알겠느냐?"

"아니요, 모르겠어요."

"로미오, 너희 집안의 자손들은 수산화 이온으로 만들어졌단다. 그리고 줄리엣, 너희 집안은 수소 이온으로 만들어져 있고."

신부님은 나직한 목소리로 말을 이었습니다.

"너희가 입는 옷이 각각 노랑과 파란색인 이유도 그런 사실과 관련이 있지."

"그런데 왜 옷소매가 초록으로 변한 거지요?"

"그건 너희가 서로의 손을 잡았기 때문이란다. 수산화 이온과 수소 이온이 만나 중성의 물이 되어 버린 거지. 그러면 너희는 더 이상 애시드 가문에도 베이스 가문에도 속하지 못하고 쫓겨나게 되는 거야."

"아니, 그럴 수가! 그게 정말인가요?"

"안 믿어지면 다시 한 번 손을 잡아 보렴."

둘은 조심스럽게 다시 손을 잡았습니다. 그러자 순식간에

열기가 뿜어났고, 한쪽 팔이 전부 초록색으로 변하는 것을 보고 얼른 손을 놓고 말았습니다.

"그것 보렴. 너희는 결혼할 수가 없는 거란다. 만약 둘이 결혼하면 너희는 둘 다 죽게 되는 거야."

"신부님, 정녕 저희에게 방법이 없단 말인가요?"

로미오와 줄리엣은 찢어지는 가슴을 안고 낙심하여 집으로 돌아갔습니다.

로미오와 줄리엣이 운명을 저주하며 슬픔의 시간을 견디는 동안 로렌스 신부는 로미오와 줄리엣의 사랑을 이루어 줄 수 있는 방법을 찾기 시작했습니다. 오랫동안 내려오던 애시드 집안과 베이스 집안의 분쟁도 종지부를 찍을 수 있도록 말입니다. 수산화 이온으로 만들어진 로미오가 수소 이온으로 만들어진 줄리엣의 손을 잡아도 서로의 pH가 별다르게 달라지지 않을 방법을 찾기 시작한 것입니다.

그리고 수없이 많은 실험과 시도 끝에 드디어 신부님은 방법을 찾아냈습니다. 그리고 그 기쁜 소식을 먼저 줄리엣에게 알려 주었습니다.

"줄리엣, 내가 드디어 방법을 찾았단다. 로미오가 너의 손을 잡아도 네가 무사할 수 있는 방법을 말이야."

"정말이에요, 신부님? 감사합니다, 정말 감사합니다."

“줄리엣, 내가 주는 이 약을 마셔라. 그러면 너는 깊은 잠에 빠질 거야. 다른 사람들이 볼 때는 아마 네가 죽은 줄로 알 게다. 하지만 넌 얼마 후에 잠에서 깨어날 것이고, 그때쯤 로미오가 너의 손을 잡아도 네 몸의 pH가 변하지 않아서 아무 고통이 없을 거야.”

줄리엣은 신부님이 주는 약을 단숨에 마셨습니다. 그러고는 쓰러져서 죽은 듯이 잠들었지요. 그 모습을 본 로렌스 신부는 줄리엣을 잘 눕혀 놓고, 로미오에게 기쁜 소식을 전하기 위해 말을 타고 달려갔습니다.

그사이 줄리엣을 찾아 교회에 온 유모는 깜짝 놀랍니다. 핏기 없는 얼굴로 자고 있는 그녀를 본 유모는 그녀가 죽은 것으로 알고 울면서 줄리엣을 안고 애시드 저택으로 갔습니다. 애시드 저택은 금방 슬픔에 잠겼고 곧 장례식이 거행되었습니다.

로미오는 줄리엣의 죽음에 관한 소식을 듣고 거의 미쳐 버릴 지경이 되었습니다. 로미오를 찾아가던 로렌스 신부가 길을 잘못 들어, 이 비밀스러운 계획을 전해 듣지 못했거든요. 그는 가장 빠른 말을 골라 타고 줄리엣이 묻힌 곳으로 향했습니다. 그곳에서 그는 줄리엣의 시신을 마주하게 되었습니다.

“오, 나의 사랑하는 여인이여, 어찌 이런 모습으로 내 앞에 나타난단 말이요. 나는 이제 어떻게 살라고…….”

비탄에 잠긴 로미오는 자신이 줄리엣을 끌어안았음에도 불구하고 그녀의 색깔이 여전히 노랑으로 남아 있음을 깨닫지 못하였습니다.

“그녀가 없는 세상, 나는 살아갈 이유가 없어…….”

로미오는 그녀의 시신 옆에서 자신도 목숨을 끊기로 작정하였습니다. 그리고 마지막으로 줄리엣에게 영원한 이별의 입맞춤을 합니다.

“안녕, 내 사랑.”

로미오는 칼을 꺼내 자신의 심장을 향해 겨누었습니다.

이때, 어디선가 부스럭거리는 소리가 들렸습니다. 행동을 멈추고 소리 나는 쪽을 바라본 로미오는 자신의 눈을 의심했습니다. 줄리엣이 깨어나고 있었기 때문이지요.

"아, 여기가 어디지?"

줄리엣은 눈을 비비며 주위를 둘러보다가 칼을 들고 있는 로미오를 보았습니다.

"어머, 로미오님, 지금 무얼 하고 계신 건가요?"

"줄리엣, 대체 어찌된 일이요. 그대가 죽은 줄 알고 나도 그대 뒤를 따라가려 했었소."

"로렌스 신부님이 제게 약을 만들어 주셨어요. 그 약을 마시면 당신이 제 손을 잡아도 아무런 문제가 생기지 않게 해 주는 약 말이에요."

그제야 로미오는 줄리엣이 여전히 노란색으로 남아 있는 것을 알아챘습니다. 아까 자신이 끌어안고 입맞춤을 했음에도 불구하고 말이지요.

"신부님은 정말 멋진 분이오. 줄리엣, 당신을 다시 보게 되어 얼마나 감사한지 모른다오."

"저도 그래요, 로미오 님."

로미오와 줄리엣은 이제 마음 놓고 서로를 꼬옥 끌어안았습니다. 묘지 입구에는 뒤늦게 도착한 로렌스 신부가 미소를 지으며 그들을 바라보고 있었습니다.

한 달 뒤.

베로나에서 가장 성대한 결혼식이 거행되었습니다. 로렌스 신부의 노력으로 애시드 가문과 베이스 가문은 극적인 화해를 했습니다. 그리고 화해의 증거로 각자의 집에서 남아도는 수산화 이온과 수소 이온을 내놓았습니다. 이것들은 풍성한 물이 되어 대지를 적시며 흘렀습니다.

로렌스 신부가 만든 묘약은 애시드 가문이나 베이스 가문의 일원 중 어느 한쪽만 마시면 서로에게 해를 끼치지 않는 것이었습니다. 그 결과 이제는 두 가문의 사람이 만나도 예전과 같은 다툼은 없었습니다.

그리고 오늘 그 상징적인 증거로 로미오와 줄리엣의 결혼식이 거행되는 것입니다. 물론 주례는 로렌스 신부였습니다.

"신부 줄리엣은 로미오를 남편으로 맞아 평생 사랑하며 살겠는가?"

"예."

"신랑 로미오는 줄리엣을 아내로 맞아 일평생 아끼고 사랑하겠는가?"

"예!"

"이제 이 두 사람은 부부가 되었음을 선포합니다. 신랑은 신부에게 키스해도 좋습니다.”

“와!”

결혼식 하객들은 아름다운 부부의 탄생을 진심으로 축하했습니다. 이제 베로나는 정말 평화롭고 아름다운 성이 되었습니다.

미국 매사츠세츠 주에서 태어난 루이스는 어린 시절을 시골에서 자연을 관찰하며 보낸 후, 하버드 대학교를 다니면서 본격적으로 화학 공부를 시작하였습니다.

학위를 받은 이후 그는 MIT의 화학 교수를 거쳐 버클리 대학교로 자리를 옮긴 뒤 세상을 떠나기 전까지 무려 34년 간 연구실을 지키면서 화학 결합, 산 염기의 정의 확장 등을 비롯한 수많은 업적을 쌓았습니다. '미국 화학의 아버지'라는 칭송은 루이스 자신의 화학적 업적뿐 아니라 훌륭한 제자를 많이 키워 냈다는 점에서 특히 더 빛을 발합니다.

그는 원자와 원자 사이에 존재하는 강한 결합이 두 원자가 두 전자를 함께 공유함으로써 일어난다고 하였습니다. 이것이 바로 공유 결합이며 전자쌍을 이용해 결합의 본질을 설명한 것입니다. 그가 제시한 전자쌍의 개념은 결합뿐 아니라 산과 염기의 정의를 확장시키는 데도 기여하였습니다. 이후 이를 바탕으로 화학 결합의 기본 원리인 '옥텟 규칙'이 제시되었고, 루이스-랭뮤어의 원자가 이론과 폴링의 화학 결합 이론이 만들어질 수 있었습니다.

1933년에는 중수소를 분리하여 순수한 중수를 만들어 냈고, 말년에는 색소에 대한 광화학적인 연구를 시작하였으며, 인광이 발생하는 이유가 삼준항 상태에 있다는 것을 밝혀 내기도 하였습니다.

그는 세상을 떠나는 그 순간까지도 실험실에서 실험을 할 정도로 열정적인 과학자였습니다. 30년을 넘게 드나들던 자신의 실험실에서 온도와 전도 상수와의 관계에 대한 실험을 하다가 갑작스런 심장 마비로 세상을 떠났습니다. 평소의 소원대로 과학자로서, 스승으로서 가장 이상적인 죽음을 맞이한 것입니다.

과학 연대표

언제, 무슨 일이?

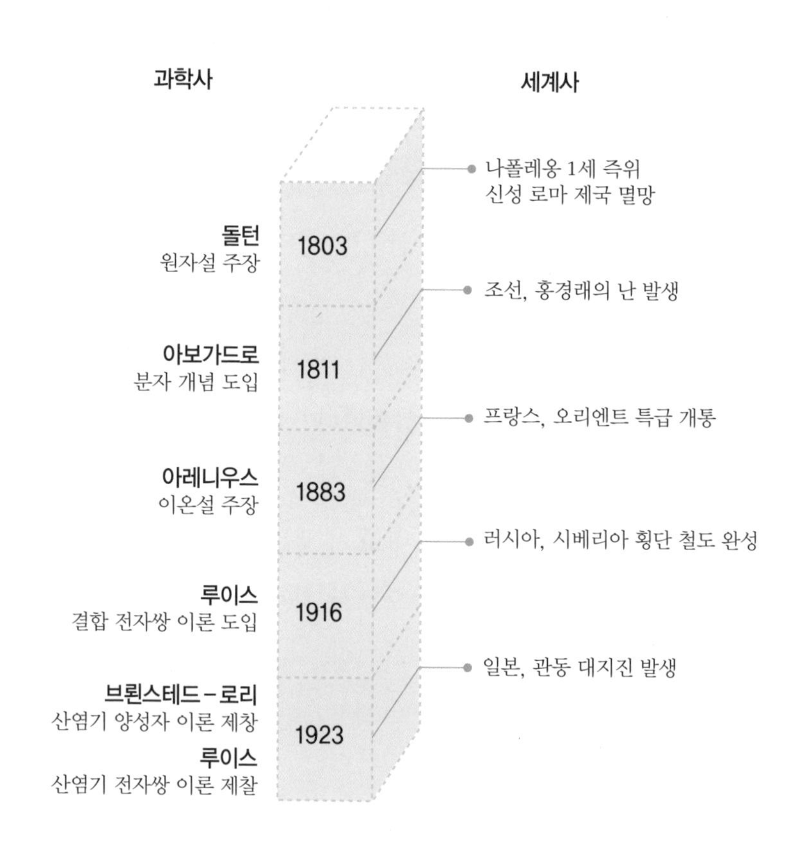

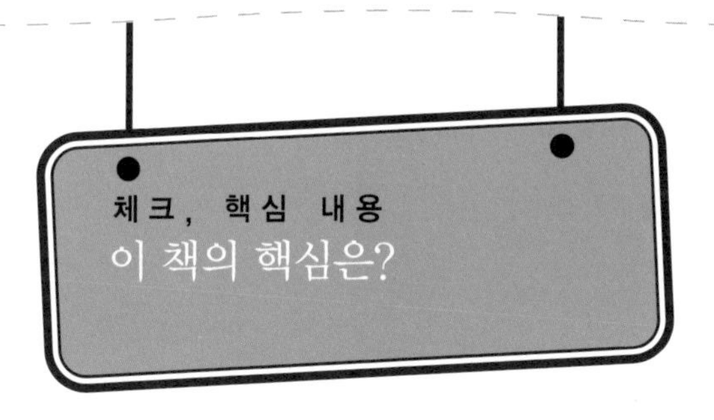

1. 1883년 아레니우스는 원자 내부에 들어 있는 (−) 전하를 띠는 입자인 □□가 이동하여서 전하를 띠는 이온이 생긴다고 발표하였습니다.
2. 아레니우스는 물에 녹아 수소 이온(H^+)을 내는 물질을 □, 수산화 이온(OH^-)을 내는 물질을 □□라고 정의했습니다.
3. 용액 속에 들어 있는 수소 이온(H^+)의 농도에 −log를 붙인 값을 □□라고 하며, 그 값이 7이면 □□, 7보다 작으면 □□, 7보다 크면 □□□입니다.
4. □□□의 pH 값은 산성과 염기성을 나누는 기준이 됩니다.
5. 수소 이온과 수산화 이온이 만나면 □이 만들어집니다.
6. 브뢴스테드와 로리는 산과 염기를 □□□를 주고받는 개념으로 확장하였고, 루이스는 □□□을 주고받는 개념으로 확장하였습니다.

1. 전자 2. 산, 염기 3. pH, 중성, 산성, 염기성 4. 증류수 5. 물 6. 양성자, 전자쌍

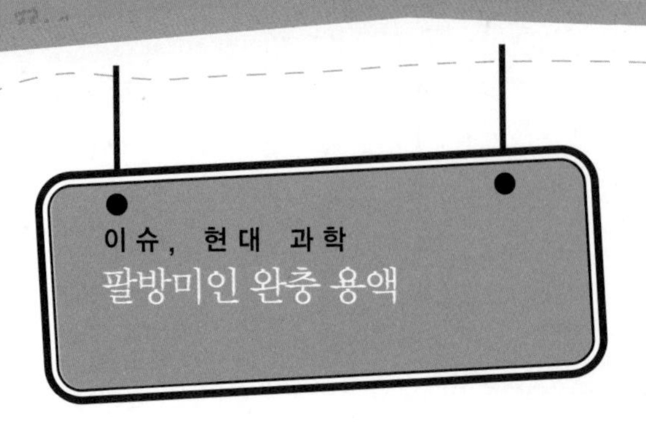

완충 용액은 많은 연구에 기여를 하고 있습니다. 그중 단백질을 높은 농도로 녹인 용액을 만드는 데 완충 용액이 중요한 역할을 한다는 연구가 얼마 전에 발표되었습니다. 영국의 한 연구팀에서는 완충 용액에 몇 가지 아미노산을 넣어 단백질의 용해도를 상당히 높였다는 연구 결과를 발표하였습니다.

진한 단백질 용액을 오랫동안 보관하는 것은 생화학 연구에서 매우 중요하지만 농도가 진하고 오래 보관할 수 있는 단백질 용액을 만들기는 매우 어렵습니다. 30~50% 농도의 단백질은 아예 물에 녹지 않고, 25~60% 정도로 농도를 진하게 하면 앙금이 되어 버리기 때문입니다.

그러던 중 영국의 한 연구팀에서 완충 용액에 두 가지의 아미노산을 넣는 단순한 조작만으로도 단백질을 안정화시키고

진한 농도로 만들 수 있음을 보여 주었습니다. 이를 이용하면 인간을 비롯해 모든 생명체의 근원이 되는 단백질에 대한 연구가 진행되어 수많은 성과를 얻을 수 있을 것입니다.

완충 용액 자체를 낮은 온도에서도 작동하도록 만드는 연구도 진행되고 있습니다. 온도가 내려가면 완충 효율이 떨어지는데, 최근 일리노이 대학의 연구팀은 낮은 온도에서도 pH가 유지되는 완충 용액을 개발하는 데 성공하였습니다.

단백질이나 핵산, 의약품 등을 보존하거나 분광학 및 X선 결정학을 이용하기 위해서는 저온에서 분석되는 경우가 많습니다. 그러나 시료의 산도가 조금만 변해도 생물 시료의 성질은 크게 변합니다. 연구진은 감염 치료에 사용되는 페니실린 유사체를 한 차례 냉동한 후 해동한 결과 약물의 50%가 변질되는 것을 확인하였습니다. 그것은 온도 변화 때문이 아니라 시료의 산도, 즉 pH가 변했기 때문이었습니다. 이런 문제점을 극복하기 위해 몇 가지의 완충 용액을 섞는 방법을 시도한 결과, 저온에서도 pH 변화가 없는 완충 용액을 만드는 데 성공했으며, 이 용액은 생화학 연구, 바이오메디컬 연구 등에 유용하게 쓰일 것으로 기대되고 있습니다.

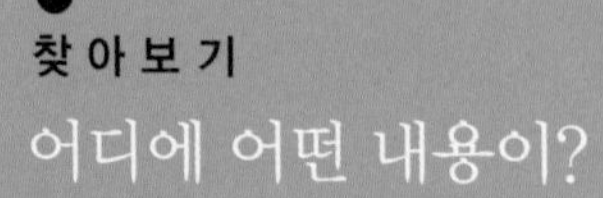

찾아보기
어디에 어떤 내용이?